国家林业和草原局职业教育"十四五"规划教材
山西省高水平专业群建设系列教材

园艺技术专业综合实训

卢爱英　杨玉芳　主编

中国林业出版社
China Forestry Publishing House

内容简介

本教材作为山西优质高等职业院校重点专业建设成果，内容对接园艺相关职业岗位的职业标准，融入新技术和新工艺，以学生实践能力培养为目标，以服务乡村振兴和园艺产业发展为原则，根据学生的认知规律、高等职业教育的教学特点和职业教育教学改革的要求，将园艺技术专业综合实训内容充分整合，设置了园艺植物识别、园艺植物繁育、园艺植物栽植、园艺植物养护、园艺产品应用与营销和园艺新技术调查 6 个模块，共 15 个项目 46 个任务。

本教材适用于高等职业教育园艺技术专业的学生学习，也可为花卉生产与花艺、园林技术等专业教学和短期培训提供参考，还可作为基层园艺生产单位技术人员自学和参考用书。

图书在版编目（CIP）数据

园艺技术专业综合实训/卢爱英，杨玉芳主编. —北京：中国林业出版社，2022.12
国家林业和草原局职业教育“十四五”规划教材　山西省高水平专业群建设系列教材
ISBN 978-7-5219-2095-6

Ⅰ.①园…　Ⅱ.①卢… ②杨…　Ⅲ.①园艺—高等职业教育—教材　Ⅳ.①S6

中国国家版本馆CIP数据核字（2023）第002491号

策划编辑：曾琬淋
责任编辑：曾琬淋
责任校对：苏　梅
封面设计：时代澄宇

出版发行　中国林业出版社
（100009，北京市西城区刘海胡同7号，电话：010-83143630）
电子邮箱：cfphzbs@163.com
网　　址：www.forestry.gov.cn/lycb. html
印　　刷：河北京平诚乾印刷有限公司
版　　次：2022年12月第1版
印　　次：2022年12月第1次印刷
开　　本：787mm×1092mm　1/16
印　　张：16.75
字　　数：380千字　　　数字资源：38千字
定　　价：52.00元

数字资源

《园艺技术专业综合实训》
编写人员

主　编　卢爱英　杨玉芳

副主编　侯艳霞　韩春叶　刘瑞霞　郭　艳

编　者（按姓氏笔画排序）

王苏文（山西林业职业技术学院）

王瑞瑞（山西一田农业开发有限公司）

卢爱英（山西林业职业技术学院）

刘瑞霞（山西林业职业技术学院）

米素萍（山西林业职业技术学院）

安文杰（山西林业职业技术学院）

李　苗（山西林业职业技术学院）

李小艳（山西林业职业技术学院）

张妍妍（山西林业职业技术学院）

范伟伟（山西水利职业技术学院）

杨　婧（山西林业职业技术学院）

杨玉芳（山西林业职业技术学院）

侯艳霞（山西林业职业技术学院）

高　兵（山西林业职业技术学院）

郭　艳（山西林业职业技术学院）

常　宁（山西林业职业技术学院）

崔爱萍（山西林业职业技术学院）

韩春叶（河南农业职业技术学院）

前言

为落实《国家职业教育改革实施方案》，加强内涵建设，推进“三教”改革，在全国高等职业院校中树立改革示范，山西林业职业技术学院作为山西省优质高等职业院校建设单位，积极开展了园艺技术重点专业建设。

园艺技术综合实训是园艺技术专业的一门综合实训课程。根据《教育部关于全面提高高等职业教育教学质量的若干意见》《教育部关于加强高职高专教育人才培养工作的意见》和《国家职业教育改革实施方案》的精神，依据专业培养目标、相应职业资格要求、课程标准、课程特点和当前高职院校人才培养的实际，开展了教材的编写工作。

本教材充分体现了课程建设与改革的成果，围绕工学结合的人才培养模式，以工作任务为主线，以能力为目标，在教材内容的整合和编写体例上进行了创新。教材在编写中与行业企业合作，根据技术领域和职业岗位（群）的任职要求，参照相关的职业资格标准，主要围绕观赏园艺选取课程教学内容，并将新技术和新工艺融入其中。作为省级优质院校建设成果之一，本教材具有以下特色：一是创新了编写体例，每个任务均由任务坊、拓展坊和活动坊组成。二是具有教材内容灵活和教材呈现形式灵活两个特点。教材内容灵活体现在任务坊和活动坊都给学生预留了添加个性化学习内容的空间；教材呈现形式灵活体现在教材中的活动坊是可以从教材上取下来的活页。三是积极推进党的二十大精神进教材、进课堂、进头脑，认真贯彻党的二十大精神，尝试专业技能培养与思政教育有机结合。四是“教材 + 笔记 + 作业”三位一体，教材给学生预留了添加个性化学习内容的空间，既是教材，又是笔记本和作业本。五是校企合作，山西一田农业开发有限公司的技术人员参与教材的编写，山西晋蓁源农业科技有限公司和北京宏福农业技术有限公司的技术人员参与教材的审稿。

本教材的编写工作由山西林业职业技术学院园艺系、科技中心、思政教学部和山西一田农业开发有限公司共同完成；卢爱英、杨玉芳任主编，负责起草编写大纲、定稿工作；侯艳霞、韩春叶、刘瑞霞和郭艳担任副主编，完成全书的统稿工作。各项目具体编写分工如下：项目1、项目4、项目8、项目9、项目10、项目13、项目14、项目15分别由安文杰、侯艳霞、卢爱英、张妍妍、杨玉芳、王瑞瑞、常宁、韩春叶编写；项目2中任务2–1、任务2–2、任务2–3由李苗编写，任务2–4和任务2–5由杨婧编写；项目3中任务3–1和任务3–2分别由李小艳、范伟伟编写；项目5中任务5–1和任务5–3由杨婧编写，任务5–2由刘瑞霞编写；项目6中任务6–1、任务6–3、任务6–4由李小艳编写，任务6–2和任务6–5由郭艳编写；项目7中任务7–1、任务7–2、任务7–3、任务7–4分别由杨玉芳、崔爱萍、郭艳、李小艳编写；项目11和项目12由高兵编写；附录1至附录5分别由崔爱萍、张妍妍、卢爱英、杨玉芳、侯艳霞编写。教材数字资源中素质坊的内容由米素萍和王苏文编写。

本教材由亢美萍、师巧慧审稿，山西晋蓁源农业科技有限公司刘源、北京宏福农业技术有限公司杜培在书稿审定过程中也提出了许多宝贵意见。编写过程中引用和借鉴了有关文献资料，在此向相关作者一并致以衷心的感谢！

采用“活页式”教材形式展示优质院校课程建设的成果，是一种积极的尝试。首次尝试，限于编者水平，不当之处在所难免，敬请批评指正。

编　者

2022年11月

目录

模块 1

园艺植物识别

项目 1　园艺植物识别

任务 1-1　花卉识别

任务坊

任务目标

知识目标

1. 掌握植物形态术语。
2. 熟悉常见花卉的形态特征。

技能目标

1. 能够识别木本花卉。
2. 能够识别草本花卉。

素质目标

1. 培养归纳总结、信息查询的能力。
2. 树立建设园艺强国的信念，增强社会责任感。

任务描述

为了合理开发和利用植物资源，使之更好地为人类服务，需要用科学的方法对植物进行比较和分类。本任务主要进行花卉形态观察与描述、花卉标本采集，完成木本和草本花卉的分类与识别。

任务准备

1. 器材及用具：剪刀、标本夹、吸水纸、相关资料（如《中国植物图鉴》《中国植物志》）等。

2. 植物材料：各种花卉实物或标本。

3. 实训场所：校园、温室、植物园。

知识提示

1. 花卉的分类。
2. 木本花卉种类。
3. 草本花卉种类。

任务实施

1. 花卉形态观察与描述

在校园、温室、植物园等实训场所，教师进行现场讲解，学生边听边记录各种花卉的名称，并拍摄图片、记录花卉的形态特性。教师讲解后，学生对照所拍摄图片辨认花卉，加深记忆。

【我的笔记】

积少成多，集腋成裘

2. 花卉标本采集

①采集标本时，尽量采集茎、叶、花、果实和种子齐全，以及生长发育正常、无病虫害、无机械损伤的标本。标本的大小以能容纳在一张台纸上为宜。如果植株本身较小，需采集带根的全株；如果植株长而纤弱，也采全株，但要将茎折叠成“V”“N”或“W”形；如果植株粗大，则采其中有代表性的几段。

②每一种标本采集 2 份，保护好所采集的植株，垫上草纸，把采集到的标本压在标本夹里。

③对于雌雄异株的植物，要尽可能采集到雌、雄株标本；对于雌雄同株但异花的花卉，尽可能采集到雌、雄花枝的标本。在采集寄生花卉时，最好与寄主一同采下。

④标本要有代表性。采集生长在正常环境下的健壮植株，不采集变态、有病的植株；要采集能代表花卉特点的典型枝，不采集徒长枝、萌芽枝、密集枝等。

⑤每采集一种标本，应立即编号并挂上标签，记录采集时间和地点、采集人、花枝颜色等基本情况。应尽可能做到随时采集、随时记录、随时编号、随时挂牌，防止因时间过长而记忆模糊导致错误。

3. 木本和草本花卉识别

（1）标本识别

将从校园、温室、公园中采集的木本和草本花卉带回实验室，制作成标本，用规范术语对花卉标本的形态、结构特征进行描述，并对采集的标本进行识别。

（2）实物识别

以小组为单位，由组长带领，对校园、温室、公园中的木本和草本花卉进行识别，将观察到的花卉简要特征记录下来，每种花卉拍摄 2~3 张显示主要形态特征的图片。对于特征明显且自己很熟悉的花卉，确认无疑后可直接写下名称；对于生疏花卉种类，可以问指导教师或同学间相互交流，也可借助植物检索表等进行检索、识别。

4. 花卉归纳分类

对花卉识别、统计后，需进行归纳分类（表 1-1-1）。对花卉进行归纳分类时要充分利用有关的参考文献。

表 1-1-1　花卉分类统计

类别		名称
观花花卉	冬、春季开花木本花卉	
	冬、春季开花草本花卉	
	夏、秋季开花木本花卉	
	夏、秋季开花草本花卉	
	四季开花花卉	
观叶花卉	变色叶类	
	常色叶类	
观茎花卉		
观形花卉		

任务考核

根据表 1-1-2 进行考核评价。

表 1-1-2　花卉识别考核评价标准

考核项目	考核内容	考核标准	赋分（分）	得分（分）	评价人
操作技能	花卉形态观察与描述	观察认真，描述准确	30		
	木本花卉标本采集	标本有代表性，采集数量符合要求，编号并登记规范，熟练对标本进行整理、压制	20		
	草本花卉识别	标本和实物识别方法熟练，会使用工具书，能够准确识别花卉科、属、种名	20		
	花卉归纳分类	分类依据选择正确，归纳总结全面	10		
素质要求	出勤纪律	按时出勤（不迟到或早退），遵章守纪	5		
	学习态度	态度端正，积极认真，勇于实践	5		
	团队协作	小组成员团结协作，有集体观念	5		
	方法能力	学习方法灵活，能按时完成任务	5		
合　计					

拓展坊

植物标本制作

（1）压制

采集的植物标本应当及时压制，果实较大的要用吸水纸垫平，适当剪去过多、重叠的枝叶，叶必须有正面、背面的区别，枝、叶、花要铺平展开。标本之间应以吸水纸隔开。脱落的花、果、叶等装入纸袋与标本放在一起，标本放好后用绳子把标本捆好（松紧要适度），放在阳光散射的通风处。以后每天要更换一次干纸，在换纸时标本要做必要的整形。换下来的湿纸要在阳光下晒干或烘干，以备换用。随着标本的干燥，捆标本的力度要逐渐减小。经过 4~5d，标本就会干燥。

（2）上台纸

将压干的标本用针线固定在台纸上，在台纸背面的左上角贴上采集记录，在台纸正面的右下角贴上标签，标签上用钢笔填好植物的中文名、学名、采集地点、采集时间及采集人，一份完整的腊叶标本就做好了。做好的腊叶标本要轻取轻放，以免损坏。

活动坊

1. 花卉形态观察与描述。
2. 木本花卉标本采集。
3. 草本花卉图片拍摄。
4. 演示文档（PPT）制作与讲解。

任务 1-2　果树和蔬菜识别

任务坊

任务目标

知识目标

1. 掌握果树和蔬菜的根、茎、叶、花、果实和种子等形态特征。
2. 了解果树优良品种和蔬菜种类。
3. 熟悉常见果树和蔬菜的形态特征。

技能目标

1. 能够用专业术语描述特种果树和蔬菜的形态特征。
2. 能够识别常见果树和蔬菜。

素质目标

1. 培养审美情趣。
2. 培养科学、严谨的工作作风。
3. 培养务实求真、从点滴做起的素养。

任务描述

园艺植物包括果树、蔬菜和花卉。本任务主要进行果树和蔬菜的根、茎、叶、花、果实等形态观察与描述，完成常见果树和蔬菜的分类与识别。

任务准备

1. 器材及用具：剪刀、标本夹、吸水纸、放大镜、相关资料（如《中国植物图鉴》《中国植物志》）等。

2. 植物材料：苹果、梨、山楂、桃、樱桃、杏、草莓、葡萄、柿子、枣、核桃、板栗、沙棘、无花果、火龙果、百香果、芦笋、叶用莴苣、番杏、落葵、紫背天葵、黄花菜、菜蓟、番茄、黄秋葵、紫苏等实物或标本。

3. 实训场所：校园、植物园、超市。

知识提示

1. 根、茎、叶、花、果实、种子的形态术语。
2. 果树的种类（仁果类、核果类、浆果类、坚果类）。
3. 蔬菜的种类（根茎类、叶菜类、花菜类、果菜类及芳香类）。

任务实施

【我的笔记】

不积跬步，无以至千里

1. 果树和蔬菜形态观察与描述

（1）果树和蔬菜形态观察

对校园、植物园、超市等实训场所的果树和蔬菜进行观察（包括根、茎、叶、花、果实和种子6个部分）。观察时要养成开始于根、结束于花和果实的良好习惯。应先用肉眼观察，然后用放大镜观察。要注意各部分的位置、形态、大小、质地、颜色、气味，其上有无附属物以及附属物的特征，以及折断后有无浆汁流出等，尽量做到观察全面细致。特别是花和果实，它们是果树和蔬菜分类的基础，对于花的观察要从花柄开始，再到花萼、花瓣、雌蕊和雄蕊，最后到柱头的顶部，一步一步从外向内地进行观察。

①根的观察　观察根时要注意是直根系还是须根系，是块根还是圆锥根，是气生根还是寄生根等。

②茎的观察　观察茎时要注意是圆茎、方茎、三棱形茎还是多棱形茎，是实心还是空心，茎的节和节间是否明显，是匍匐茎还是平卧茎、直立茎、攀缘茎或缠绕茎，是否具根状茎，或具块茎、鳞茎、球茎、肉质茎等。

③叶的观察　观察叶时要注意是单叶还是复叶。复叶是奇数羽状复叶、偶数羽状复叶、二回偶数羽状复叶还是掌状复叶，是单身复叶还是掌状三小叶、羽状三小叶等。叶是对生、互生、轮生还是簇生。叶脉是平行脉、网状脉、羽状脉、弧形脉还是三出脉。叶的形状（如圆形、心形等）、叶基的形状、叶尖的形状、叶缘、托叶以及有无附属物等，都要做全面观察。

④花的观察　观察花时首先观察花是单生还是组成花序，以及其花序的类型，然后观察是两性花、单性花还是杂性花。如果是单性花，则要看是雌雄同株还是雌雄异株。花被主要观察花萼与花瓣有无区别，是单被花还是双被花，是合瓣花还是离瓣花。观察雄蕊的数量，排列方式，是否合生，与花瓣的排列是互生还是对生，有无附属物或退化雄蕊存在，是单体雄蕊、四强雄蕊、二强雄蕊、二体雄蕊还是聚药雄蕊等。对于雌蕊应观察心皮数目，合生还是离生，胎座类型、胚珠数、子房的形状，子房是上位还是下位、半下位。花柱、柱头等也要细致观察。

⑤果实的观察　观察果实时主要是分清果实的类型，其次是观察大小、附属物有无和果实形状。

小贴士

观察果树时，要注意树形。由于树种不同，或同一树种因年龄或所处的环境条件不同，树冠的形状也不相同（一般可分为圆锥形、圆柱形、卵圆形、阔卵形、圆球形、倒卵形、扁球形、伞形、不整齐形等）。因此，观察树形有助于识别树种。树皮的颜色、厚度、平滑度、是否开裂及开裂的深浅和形状等，树皮上的皮孔形状、大小、颜色、数量及分布情况等，以及茎或枝上的叶痕形状、维管束痕（叶迹）的形状及数目，芽着生的位置或性质等，都是识别树种的依据。

观察蔬菜时，要注意其地下部分，有些具有地下茎，一般地下茎在外形上与地上茎不同，易与根混淆。还要注意地下茎和根的特殊变化。

（2）果树和蔬菜形态描述

种子植物形态描述的内容包括植株性状和主要识别器官的形态，要在记录本上记录各种果树和蔬菜的形态特征，并拍摄图片。

2. 果树和蔬菜识别

①根据果树和蔬菜的形态特征，利用检索表按次序逐项往下查。首先要鉴定出所属的科，再用该科的分属检索表查出其所属的属，最后利用该属的分种检索表查出种名。为了保证鉴定结果的正确性，一定要防止主观臆测和倒查的倾向。

②通过植物识别软件如形色、花伴侣、识花君进行识别。

③小组讨论后上交识别结果，教师对识别结果进行最后鉴定。

3. 果树和蔬菜归纳分类

为了全面掌握果树和蔬菜种类情况，须对其进行归纳分类（表 1-2-1、表 1-2-2）。果树按叶生长期分为常绿果树和落叶果树，按生态适应性分为寒带果树、温带果树、亚热带果树、热带果树，按果实形态结构分为仁果类、核果类、坚果类、浆果类、柿枣类、柑果类等。蔬菜按农业生物学分类可以分为白菜类蔬菜、直根类蔬菜、茄果类蔬菜、瓜类蔬菜、豆类蔬菜、葱蒜类蔬菜、绿叶蔬菜、薯芋类蔬菜、水生蔬菜、芽菜类蔬菜等。对果树和蔬菜进行归纳分类时要学会充分利用有关的参考文献。

表 1-2-1　果树分类统计

序号	名称	科属	茎	叶	花	果实	食用器官

表 1-2-2　蔬菜分类统计

分　类	名　称
白菜类蔬菜	
直根类蔬菜	
茄果类蔬菜	
瓜类蔬菜	
豆类蔬菜	
葱蒜类蔬菜	
绿叶蔬菜	
薯芋类蔬菜	
水生蔬菜	
芽菜类蔬菜	

任务考核

根据表 1-2-3 进行考核评价。

表 1-2-3　果树和蔬菜识别考核评价标准

考核项目	考核内容	考核标准	赋分（分）	得分（分）	评价人
操作技能	形态观察与描述	观察认真，描述准确	30		
	实物识别	能够准确识别科、属、种名	20		
	标本、图片识别	能够准确识别科、属、种名	20		
	归纳分类	分类依据选择正确，归纳总结全面	10		
素质要求	出勤纪律	按时出勤（不迟到或早退），遵章守纪	5		
	学习态度	态度端正，积极认真，勇于实践	5		
	团队协作	小组成员团结协作，有集体观念	5		
	方法能力	学习方法灵活，能按时完成任务	5		
合　计					

拓展坊

植物标本拓印

植物标本拓印方法简单，便于操作，容易掌握，是植物标本制作中的重要补充方法。可单独装订成册，便于保存和交流。

（1）采样

样叶应具有代表性，如初生小叶、萌生条的叶都不具有代表性，除特意选用该部分样品外，一般不宜选用。另外，所用叶片应是无虫、无病害的健康叶，也可以采用带有若干叶片的小枝作为拓印材料。

（2）单片拓印

将采好的一片叶放在复写纸上，展平，上面盖一张纸，然后放在垫板上，用圆头钢笔的尾端在纸上摩压叶片，动作要轻重适宜、均匀周到，不要漏摩，摩完将叶片取出，该叶片即均匀粘有复写纸的油墨，这个过程称为初拓。将初拓后的叶片放在要拓印的纸上（位置可根据需要自行设计），叶片上仍盖上一张纸，用上述方法再次摩压，揭去叶片即有该叶片的清晰印迹呈现在纸上，这个步骤称为清拓。

（3）综合拓印

该法适用于带有多个叶片的小枝的拓印。除应注意展平外，还应注意在清拓过程中不要错位，否则会使拓印图像重叠，影响清晰度。对于小枝粗壮或带刺的样品，可将叶片逐一摘下，按叶片原来在小枝上排列的形态分别拓印，然后绘出小枝和枝侧补漏，其效果较好，俨然一幅完整标本。对于鉴别植物，单叶拓印价值更高。

（4）彩色拓印

可根据叶的颜色选用与标本同色的复写纸。如拓印秋天的枫叶时，可用红色复写纸，这样会增加真实感；而拓印配有花朵的叶片时，选用绿色复写纸则显得更有生气。

（5）叶以外特殊部分的处理

树皮：比较光滑的树皮可剥下来展开拓印，以显示皮孔。

枝刺：扁平的刺直接拓印，不能拓印的则补绘。

花：简单的花，可利用花本身的颜色直接拓印；复杂的花，可拓印少部分花瓣，标明花瓣数目和轮数。

活动坊

1. 对果树和蔬菜进行形态观察与描述，完成表 1–2–4。

表 1–2–4　果树和蔬菜形态特征观察

序号	名称	植株性状	茎	叶型	叶序	叶形	花	果实

2. 拍摄果树和蔬菜图片。
3. PPT 制作与讲解。

模块2

园艺植物繁育

项目 2　花卉常规育苗

任务 2-1　花卉播种

任务坊

任务目标

知识目标

1. 熟悉花卉播种育苗的基本操作流程。
2. 掌握花卉播种育苗的方法及管理技术。

技能目标

1. 能够独立完成基质配制与消毒。
2. 能够独立完成花卉点播。

素质目标

1. 培养爱岗敬业、求真务实的精神。
2. 培养吃苦耐劳、团结协作的职业素养。

任务描述

播种繁殖是花卉育苗最基本的繁殖方法，在生产上广泛应用，许多花卉都是用种子繁殖培育的。不同花卉播种方法不同。本任务主要进行基质配制与消毒等播前准备、播种及播后管理，保证种子及时整齐出苗，培育优质种苗。

任务准备

1. 器材及用具：育苗基质、蛭石、园土、穴盘、育苗盘、铁锹、锄头、小花铲、筛子、喷壶等。

2. 植物材料：花卉（文冠果、波斯菊）种子。

3. 药剂：百菌清、多菌灵等。

4. 实训场所：温室。

知识提示

1. 播前种子处理、育苗基质的准备。

2. 播种方法和技术要点。

3. 播种后的管理措施。

任务实施

1. 播前准备

（1）基质配制与消毒

播种基质和园土按 1 : 1 混合均匀，并用 0.1% 的多菌灵或百菌清对基质进行消毒。基质消毒可配合喷水，使基质的含水量达到 30%~40%（检验标准为基质湿而不黏，用手抓能成团，一松手就散开）。

（2）基质装盘

将消毒后的基质装入 32 穴或 50 穴的穴盘中，并将基质表面刮平。

（3）打穴孔

用手指或木棍在穴盘每一格的基质中间按压一个小孔。穴孔深度为种子直径的 2~3 倍。穴孔深浅要一致，否则会出现发芽不一致和种苗生长不整齐的现象。

2. 播种

将种子放至孔穴内，每穴播种 1 粒，播种后要及时用覆料覆盖种子。覆料要均匀，且覆料一般至与穴盘平齐即可，不可太厚，以免影响种子发芽时间和出现发芽不一致的现象。然后贴标签，标明花卉种类、品种、播种时间等。之后要浇透水，注意控制浇水的流量。水流量太大会冲刷基质，甚至冲走种子；水流量太小则浇水过慢，效率太低。最后用塑料薄膜覆盖穴盘表面，以达到保温、保湿的目的，并将穴盘摆放到苗床上。

3. 播后管理

发芽前保持基质湿润，经常观察基质的干湿情况。干燥时，及时喷水以补充水分；如果过湿，要将塑料膜掀开，通风降湿。发芽期的温度控制在 25℃左右。未经催芽的文冠果种子 40~50d 开始发芽，出苗后掀去覆盖物，放到通风处，逐渐增加光照，当长出 3~4 片叶时可分苗移栽。

任务考核

根据表 2–1–1 进行考核评价。

【我的笔记】

力学如力耕，勤惰尔自知

表 2-1-1 花卉播种考核评价标准

考核项目	考核内容	考核标准	赋分（分）	得分（分）	评价人
操作技能	播前准备	基质配比合理，种子处理得当	25		
	播种	播种方法适宜，操作规范、娴熟	30		
	播后管理	措施科学，记载详细，幼苗生长健壮	20		
	清理场地	及时清场，不浪费材料，爱惜工具	5		
素质要求	出勤纪律	按时出勤（不迟到或早退），遵章守纪	5		
	学习态度	态度端正，积极认真，勇于实践	5		
	团队协作	小组成员团结协作，有集体观念	5		
	方法能力	学习方法灵活，能按时完成任务	5		
合　计					

拓展坊

彩椒条播

（1）基质配制、装盘

选肥沃、疏松、排水良好的基质，参照点播法配制基质，装入育苗盘。

（2）开沟、播种

在基质上按一定行距开沟，深约 0.5cm，将种子均匀地撒在播种沟中。

（3）覆料、贴标签、浇水、覆盖

撒种后薄盖细河沙，贴好标签，浇透水，用塑料膜覆盖育苗盘。

（4）播后管理

保持基质湿度，温度控制在 25℃左右，10d 左右种子即可发芽。

活动坊

1. 调查文冠果播种的结果情况，完成文冠果播种成活率统计表（表 2-1-2）。

表 2-1-2　播种成活率统计

花卉名称	播种数量	播种时间	发芽时间	幼苗成活率（%）	备注

2. 将文冠果播种的操作步骤及注意事项整理成报告。

任务 2-2 花卉扦插

任务坊

任务目标

知识目标

1. 熟悉花卉扦插育苗基本操作流程。
2. 掌握花卉扦插育苗方法及扦插后的管理技术。

技能目标

能够用合适的扦插方法对常见花卉进行繁育。

素质目标

1. 培养精益求精的工匠精神。
2. 培养敏锐的观察和思考能力。

任务描述

扦插繁殖是利用植物根、茎、叶等营养器官的再生能力，切取其部分，在适宜的环境条件下促使长成独立新植株的育苗方法。这种育苗方法简单易行，繁殖材料充足，成苗迅速，因此被广泛应用在园艺植物生产中，是许多花卉最常用的繁殖方法。本任务主要进行植株选择、插穗采集与制作、扦插及扦插后管理，保证扦插苗的成活率，培育优质种苗。

任务准备

1. 器材及用具：泥炭、珍珠岩、松针土、蛭石、粗砂、烧杯、量筒、铁锹、筛子、花铲、穴盘、双色盆、修枝剪、无纺布、塑料薄膜、喷壶、遮阳网、温湿度计等。

2. 植物材料：菊花、月季、绿萝、虎尾兰。

3. 药剂：百菌清、多菌灵、高锰酸钾、乙醇、吲哚丁酸、生根粉或萘乙酸等。

4. 实训场所：温室。

知识提示

1. 扦插成活的原理。
2. 扦插床与基质的准备，插穗的采集与处理。
3. 影响扦插成活的因素及插后管理。

任务实施

【我的笔记】

志不强者智不达，言不信者行不果

1. 菊花扦插（嫩枝扦插）

（1）品种选择

选择品种纯正、性状优良、生长健壮、无病虫害、抗性强的菊花品种。

（2）插穗采集及处理

采集健壮饱满、节间均匀、长5~6cm、具4片以上成熟叶的菊花嫩枝作插穗，去掉插穗下部1~2片叶，基部用0.01%的吲哚丁酸或0.1%的生根粉处理20~30s。

（3）扦插

①直插法　根据菊花品种及栽培目的不同，选用12~30cm口径的双色盆。用泥炭、松针土、珍珠岩按2∶1∶1比例混合作盆土，消毒后装盆。用竹签打洞，将处理好的插穗插入基质。每盆扦插株数根据菊花品种及盆大小而定，扦插深度为1~2cm。扦插后进行喷雾，用无纺布或塑料薄膜搭小拱棚。

②穴盘扦插法　根据生产需要，选择50穴、72穴或128穴等不同规格的穴盘，装入用泥炭与珍珠岩按7∶3混合配制的基质。用竹签打洞，将处理好的插穗插入基质。扦插深度1~2cm，每穴一株。扦插后进行喷雾，用无纺布或塑料薄膜搭小拱棚。

在扦插时确保品种不混杂；要随采随插，尽量保持插穗新鲜，如果不能及时扦插，可暂时保存在4℃冰箱中；竹签打洞深度要与扦插深度相同，并确保插穗与基质紧密接触。

（4）扦插后管理

对扦插苗的管理，关键要做到防晒和保湿。插穗生根前保持较高的空气湿度（一般控制在90%以上），温度保持在20℃左右，光照过强时需搭遮阳网，喷洒杀菌药剂做好病虫害防治等。扦插后7d后可见生根，生根后及时揭膜，适当减少浇水，加强通风，逐渐见光。要求在傍晚揭膜，揭膜后浇一次清水，并喷施广谱性杀菌剂预防病害的发生。

2. 月季扦插（硬枝扦插）

（1）扦插时间

在秋季落叶后（11月利用露地修剪的枝条）或春季萌芽前（3~4月）进行。

（2）插穗采集及处理

采集生长健壮、节间短、无病虫害的枝条作插穗。插穗长10~20cm、含3~5个饱满芽，剪去梢端细弱部分及过老的基部。上剪口在芽上 1.0cm，于芽的对面斜削，下端切口斜削或平削（以斜削为佳），其位置以在节下方 0.1~0.3cm 处效果较好。切口要平滑。

（3）扦插

扦插时，先将插条蘸 0.3% 的生根粉 20min，以促进生根；然后用小木棒在育苗基质上插一个小洞，将插穗插入洞内，扦插的深度为插条长度的 1/2~2/3，插条间距 2~3cm；再撒入细河沙，浇透水，覆盖塑料布。注意扦插时保持极性，忌倒插；竹签打洞深度要与扦插深度相同，并确保插穗与基质紧密接触。

（4）扦插后管理

扦插后浇足第一次水，用地膜覆盖、搭遮阳网、喷水、通风等措施来保持基质和空气的湿度及温度，促进生根。一般温度保持在 15~25℃，以 20℃最适宜，此时要注意提高地温。空气湿度控制在 80%~90%，注意生根期水分不宜过多，否则通气不良，新根易腐烂。

任务考核

根据表 2-2-1 进行考核评价。

表 2-2-1　花卉扦插考核评价标准

考核项目	考核内容	考核标准	赋分（分）	得分（分）	评价人
操作技能	母株选择	品种纯正，生长健壮	10		
	采穗、制穗	方法正确，操作规范	20		
	扦插	操作规范，扦插速度快	25		
	扦插后管理	管理及时，措施得当，成活率高	20		
	清理场地	及时清场，不浪费材料，爱惜工具	5		
素质要求	出勤纪律	按时出勤（不迟到或早退），遵章守纪	5		
	学习态度	态度端正，积极认真，勇于实践	5		
	团队协作	小组成员团结协作，有集体观念	5		
	方法能力	学习方法灵活，能按时完成任务	5		
合　计					

拓展坊

1. 绿萝扦插育苗

（1）插穗采集及处理

根据所取枝条部位的不同，绿萝可采取嫩枝扦插、单芽插两种扦插方法。不同扦插方法制穗方法不同。

①嫩枝扦插　选取绿萝健壮枝梢作插穗，一般长为 5~10cm，每穗可留 2~3 节，下剪口在节下 0.1~0.3cm 处，保留上部叶片 1~2 片。也可选取绿萝健壮中间段枝条为插穗，剪成长 10~15cm 的小段，每段留 3~4 节，上剪口在芽上方约 1cm，下剪口在节下部约 0.3cm，切口要平滑，去除下部叶片，保留顶端叶片 2~3 片。

②单芽插　绿萝插穗上仅有一叶一芽，芽下带有一盾形茎片或长 1~2cm 的茎段。

（2）扦插

①嫩枝扦插　先用木棒在基质上插一个孔洞，再插入插穗，深度为插穗长的 1/2~2/3，插穗间距 2~3cm，叶片不要互相遮盖。此种扦插方法生根较快。

②单芽插　当绿萝插穗来源困难时常采用此法，可增加繁殖系数，但生根时间较长。插入基质时，仅露出芽尖。

（3）扦插后管理

插后压实基质，喷水保湿。生根期间保持温度 25℃左右，应避免温度剧烈变化。保持土壤湿润，空气湿度 70%~80%。注意遮阴通风，防止霉菌感染。

2. 虎尾兰扦插（叶插法）育苗

（1）插穗采集及处理

选取健壮而充实的叶片，用消过毒的剪刀将叶片剪成数段，每一段叶片长 5~7cm，将其放到阴凉通风的地方 1~2d，晾干伤口。

（2）扦插

准备好疏松透气的营养土，可以掺入一些砂土。将晾干伤口的虎尾兰叶片下端直插或斜插于基质中，插入深度为切段长的 1/3~1/2，注意不可倒置。

（3）扦插后管理

叶插完成后，将其放到阴凉通风的地方，基质太干时适当喷水，空气湿度控制在 80%~90%。在 15~20℃的条件下，1 个月左右即可从基部形成不定根和不定芽，并逐渐长成新植株。待小苗长出 2~3 片叶时可上盆定植。

活动坊

1. 将菊花嫩枝扦插和月季硬枝扦插的操作步骤及注意事项整理成报告。

2. 调查扦插育苗的结果，完成嫩枝扦插与硬枝扦插的成活率统计表（表 2-2-2）。

表 2-2-2　扦插成活率统计

花卉品种	扦插时间	扦插方法	扦插数量	成活数量	成活率（%）

任务 2-3 花卉嫁接

任务坊

任务目标

知识目标

1. 熟悉花卉嫁接育苗基本操作流程。
2. 掌握花卉嫁接育苗方法及嫁接后的管理技术。

技能目标

能够独立进行花卉嫁接。

素质目标

1. 培养不畏困难和开拓进取的精神。
2. 培养独立分析问题和解决问题的能力。

任务描述

嫁接是切取具有优良性状的植株上的营养器官（枝或芽），接在另一有根植株的茎、枝或根上，使之愈合生长在一起，形成一个独立新植株的方法。嫁接既能保持母本的优良性状，又能增强植株的抗逆性。这种育苗方法主要用于不易通过扦插、压条等方法繁殖的花卉。本任务主要进行砧木选择及培育、接穗采集与处理、嫁接、嫁接后管理，保证嫁接成活率，培育优质种苗。

任务准备

1. 器材及用具：修枝剪、枝接刀、芽接刀、塑料方块、塑料条、湿布、石蜡等。
2. 植物材料：菊花、月季、蟹爪兰接穗和对应砧木等。
3. 实训场所：温室。

知识提示

1. 嫁接的作用和原理。
2. 砧木和接穗的选择。
3. 嫁接方法及技术要点。
4. 影响嫁接成活的因素及嫁接后管理。

任务实施

1. 砧木选择及培育

菊花劈接（枝接）选用蒿作为砧木。10~11 月，利用保护地播种蒿，发芽后分苗、移栽，定植在花盆中。或于秋、冬（或初春）到野外找青蒿或黄蒿苗，挖回栽于苗床培养。在温室培育蒿时，若温度过高，需注意通风降温，控制浇水，防止病虫害发生及蒿苗徒长。

【我的笔记】

博观而约取，厚积而薄发

2. 砧木处理

第二年 3~5 月，一般蒿苗高 25cm 左右时，砧木与接穗粗细相近，组织成熟度适中。在砧木上距主枝 8~12cm 的光滑处切断砧木主枝，用劈接刀从其横断面的中心垂直下切，深约 2cm。下部蒿枝保留 1~2 片叶子。

3. 接穗处理

培养健壮菊株，剪取生长健壮的半木质化嫩枝梢 10cm 左右作接穗。去掉下部叶片，保留顶部 2~3 个叶片。将接穗基部削成长 2~3cm 的楔形，削面要平滑。

4. 嫁接

用劈接刀撬开蒿枝纵切口，嵌入已削好的接穗，并使砧木与接穗的形成层对齐。注意勿将接穗插到底，要外露 0.2~0.3cm 的削面，即“露白”。用塑料薄膜自上而下绑紧扎实，然后套袋保湿。注意不要露出嫁接部位，不要触动接穗，以免两者形成层错开，影响愈合。

5. 嫁接后管理

嫁接后将花盆放在避风处，防止阳光直射，始终保持盆土湿润。在形成层愈合后，及时去掉塑料袋。定植时解除塑料薄膜，剪除砧木上的侧枝，促进嫁接苗的生长。

任务考核

根据表 2-3-1 进行考核评价。

表 2-3-1　花卉嫁接考核评价标准

考核项目	考核内容	考核标准	赋分（分）	得分（分）	评价人
操作技能	砧木选择及培育	砧木选择正确，生长健壮	10		
	接穗与砧木处理	方法正确，操作规范	20		
	嫁接	操作规范，嫁接速度快	25		
	嫁接后管理	措施科学，记载详细，嫁接苗生长健壮	20		
	清理场地	及时清场，不浪费材料，爱惜工具	5		
素质要求	出勤纪律	按时出勤（不迟到或早退），遵章守纪	5		
	学习态度	态度端正，积极认真，勇于实践	5		
	团队协作	小组成员团结协作，有集体观念	5		
	方法能力	学习方法灵活，能按时完成任务	5		
合　计					

拓展坊

1. 月季“T”字形芽接

（1）砧木选择及培育

月季嫁接一般选择生长力强的野蔷薇作为砧木。砧木常用扦插的方法培育，将当年生健壮绿枝截成带 2~3 个芽的插条插入基质，一般 2 周后开始生根。秋插砧木苗，翌年 3 月初定植，5 月初芽接；春插砧木苗，6 月中旬定植，7 月底至 8 月初芽接。

（2）接穗选择

选择生长旺盛健壮、无病虫害的月季植株上的枝条作为接穗，取接穗中间部分的接芽进行嫁接，成活率最高。

（3）“T”字形芽接

①接芽处理 在处理好的接穗枝条上，选健壮、饱满的芽，在芽上方 1cm 左右处先横切一刀，深达木质部，再从芽下 1.5cm 左右处，从下往上削，略带木质部，使刀口与横切的刀口相交，削面为盾形，然后用拇指横向推取芽片。

②砧木处理 在砧木距地面 10~15cm 处选择背阴面的光滑部位用芽接刀横切一刀，再从横切口中央垂直纵切一刀，长 1.5~2.0cm，切断皮层，在砧木上形成一个“T”形切口。

③接合 用芽接刀撬开砧木切口，将芽片插入“T”形切口内，并向上推一下，使其横切面与砧木横切口皮层紧密相连，芽片下部被挑开的砧木皮层包裹。

④绑扎 用塑料条绑扎并缠紧，注意将芽眼留在外面并检查塑料条是否包好。

（4）嫁接后管理

嫁接后及时观察成活情况，防止嫁接口感染病虫害，同时保持基质或土壤湿润，放在阴凉通风处养护。若接穗新芽萌动或接穗鲜绿，表明已成活。未成活的应及时补接。嫁接成活后应保持土壤湿润，及时追肥补水，还要控制生殖生长，随时抹除砧木上的萌芽。

2. 蟹爪兰髓心接

（1）砧木选择及培育

生产中多用片状仙人掌作砧木。从仙人掌母株上切下生长健壮、肉质饱满、长度 10cm 以上的分枝，放在阳光下晒 3~4d，待基部切口稍干后，插入湿河沙催根，发根后上盆栽植，成活后即可用于嫁接。

（2）接穗选择及处理

采接穗的时间一般在 5~8 月，选择青绿健壮、无病虫害的蟹爪兰母株，用消过毒的刀或刀片切取一年生变态茎顶端 2~4 节作接穗，再将接穗下部两面 1/4~1/3 处的表皮削去，至露出维管束（两面削一致，使其呈楔形）。

（3）嫁接

蟹爪兰可嫁接在仙人掌顶端，也可在砧木两侧刺座上方选择光滑的位置进行嫁接。接穗插入砧木切口后，用事先备好的仙人掌刺横穿砧木和接穗加以固定。

（4）嫁接后管理

将嫁接后的蟹爪兰置于避风雨的阴凉通风处，避免阳光直射，控制浇水，保持盆土湿润，防止渍水烂根，20~30d 可成活。

活动坊

1. 将菊花嫁接的操作步骤及注意事项整理成报告。
2. 调查菊花嫁接的结果，完成菊花嫁接的成活率统计表（表 2-3-2）。

表 2-3-2　嫁接成活率统计

嫁接方法	嫁接日期	砧木种类	接穗品种	嫁接株数	成活株数	成活率（%）	备注

任务 2-4 花卉分株

任务坊

任务目标

知识目标

1. 熟悉花卉分株育苗基本操作流程。
2. 掌握花卉分株育苗及分株后的管理技术。

技能目标

能够独立进行花卉分株繁殖。

素质目标

1. 培养爱岗敬业的精神。
2. 培养积极进取的职业素养。

任务描述

分生繁殖是萌蘖性强的花灌木和球根花卉常用的繁殖方法。本任务主要进行花卉分生繁殖及分生后管理，提高新植株的成活率，培育优质种苗。

任务准备

1. 器材及用具：泥炭、松针土、珍珠岩、蛭石、砂土、草木灰、铁锹、花铲、刀、喷壶、花盆等。
2. 植物材料：君子兰、虎尾兰、百合。
3. 药剂：百菌清、多菌灵、硫黄粉等。
4. 实训场所：温室。

知识提示

1. 花卉分株成活的原理。
2. 花卉分株育苗基本操作流程。
3. 花卉分株后的管理。

任务实施

【我的笔记】

百学须先立志

1. 君子兰分株

（1）分株时间

君子兰分株一般是当气温达到 15~25 ℃时，结合换盆进行，温室中一年四季都可分株。

（2）分株操作流程

①母株脱盆　君子兰母株脱盆时，可先用手轻拍花盆四

周和底部，使花盆与土壤分离；然后将花盆侧倒，右手轻握植株，左手往后移盆，取出母株。

②整理根系　母株脱出后，清理掉根部的土壤，理顺根系，并将枯死、腐烂的根剪除。

③分离子株　如果子株长在母株的外沿，株体较小，可直接掰下子株；如果子株粗壮，则需用锐刀将其从与母株结合处切开，注意勿伤根部。伤口处可用草木灰或硫黄粉涂抹，以防病菌感染导致腐烂。分株后的君子兰不能马上栽植，需放置于阴凉处略微晾干伤口。

④基质配制　可选用松针土和泥炭等混合配制基质，混合过程中用 0.1% 的多菌灵或百菌清溶液对基质进行消毒。

⑤上盆栽植　在提前备好的花盆底部装入配制好的基质，厚 3~5cm 即可。将晾干伤口的君子兰的根系顺势放于土壤上，沿植株四周均匀填充土壤。填土的过程中要扶稳植株，土壤填满后，沿花盆边缘将其压实。

⑥养护管理　君子兰上盆后，浇一次定根水，先放置于阴凉处，7d 后可逐渐增加光照。分株后一个月内适当控制水分，浇水过多易烂根。

2. 虎尾兰分株

（1）分株时间

虎尾兰分株对于时间的要求不高，尽量选春、秋两季分株，可以结合换盆一起进行。最好不要选在夏季分株，此时气候炎热，水分消耗较多，分株后不利于成活。

（2）分株操作流程

①控水脱盆　虎尾兰脱盆前，先暂停浇水几天，使盆土保持干燥，更利于脱盆。脱盆时可先敲击花盆四周松动土壤，然后将虎尾兰植株从花盆中取出。操作要小心，不能用蛮力拔植株，以免损伤根部。

②根部修剪　取出植株后，去掉附着在根部的土壤。适当修剪根系，剪掉烂根、老根，过密的根系可疏剪一部分。

③切割分株　用刀将虎尾兰子株从其母株基部切割分离，子株最好带有根系，分离的植株全部放置于阴凉处晾干切口。

④基质配制　基质可用园土、泥炭和砂土混合配制，混合过程中用 0.1% 的多菌灵或百菌清溶液对基质进行消毒。

⑤上盆栽植　取出准备好的花盆，先在花盆底部铺一层基质，将虎尾兰垂直放入花盆中央，使根接触基质，然后一只手提苗，另一只手装基质并压实。待基质加到盆中高 2/3 时，将植株轻轻上提，使根伸展，继续装基质至距盆沿 2cm 处，压

实土壤。

⑥养护管理　上盆后先浇一次透水，然后放在半阴处培养，当植株的叶变得直挺后，即可正常养护。

任务考核

根据表 2-4-1 进行考核评价。

表 2-4-1　花卉分株考核评价标准

考核项目	考核内容	考核标准	赋分（分）	得分（分）	评价人
操作技能	分株	方法恰当，操作规范	20		
	基质配制	基质选择适当，消毒方法准确，配制均匀	10		
	上盆栽植	栽种方法准确，操作熟练	20		
	清理场地	及时清场，不浪费材料，爱惜工具	10		
	养护管理	养护及时，措施得当	10		
	观察记录	定期观察，记录翔实	10		
素质要求	出勤纪律	按时出勤（不迟到或早退），遵章守纪	5		
	学习态度	态度端正，积极认真，勇于实践	5		
	团队协作	小组成员团结协作，有集体观念	5		
	方法能力	学习方法灵活，能按时完成任务	5		
合　计					

拓展坊

百合分球繁殖

（1）分球时间

分球宜在花谢后 3~4 周进行。秋季一般在 10 月中下旬进行。

（2）球茎挖取

用铁锹将植株周边的土挖出，注意不要磕碰到球茎，最好借助铲子，使挖出的球茎带一些根系。把球茎旁边的土壤去除，将球茎上枯萎的苞衣去掉后放在流速缓慢的清水中清洗，确保将上面的泥土去除干净，同时按球茎的大小进行分级，周径小于 10cm 的子球可继续培养 1~2 年达所需的规格。注意贮藏和种植前用多菌灵、高锰酸钾对球茎进行消毒。

（3）分球

将小刀进行消毒，然后从鳞茎顶部的位置切割，注意不要伤及子球的根系。把周边的侧芽摘除，没有完全长好的侧芽也要去除，防止消耗过多的养分。

（4）栽植

将分出的球茎栽种到疏松、透气、肥沃、微酸性（pH 最好为 6.5）的腐殖土中，栽植前用多菌灵、呋喃丹等药剂对土壤进行消毒，栽植深度为 10~15cm，可根据球茎大小调整，种球大的可深些。

活动坊

1. 将君子兰分株的操作过程整理成报告。

2. 调查君子兰分株的结果，完成君子兰分株成活率统计表（表 2–4–2）。

表 2-4-2　君子兰分株成活率统计

分株时间	株数	成活株数	成活率 (%)	备注

任务 2-5　花卉压条

任务坊

任务目标

知识目标

1. 熟悉花卉压条繁殖的方法。
2. 掌握花卉压条繁殖的技术操作流程。

技能目标

能够根据花卉种类选择适当的方法进行压条繁殖。

素质目标

1. 培养吃苦耐劳的精神。
2. 培养团结协作的职业素养。

任务描述

压条繁殖在生产上广泛应用，许多藤本花卉都是用压条繁殖培育的。本任务主要进行花卉压条及压条后管理，培育优质种苗。

任务准备

1. 器材及用具：培养土、泥炭、苔藓、松针土、铝箔纸、碎砖块、粗砂和剪刀等。
2. 植物材料：鹅掌柴、藤本月季、连翘。
3. 实训场所：温室。

知识提示

1. 花卉压条繁殖基本操作流程。
2. 促进压条生根的技术要点。
3. 花卉压条后的管理技术。

任务实施

藤本月季压条繁殖（高压法）

（1）压条时间

藤本月季的压条一般在 5~6 月或 8 月进行。

（2）选条

选择植株上 1~2 年生、生长健壮、无病虫害的枝条。

（3）环状剥皮

用小刀对选择好的枝条进行环状剥皮。剥皮最好在芽下周围，剥皮长度为 1~2cm，深度以能露出木质部为宜。注意小

【我的笔记】

少年易老学难成，一寸光阴不可轻

刀要进行消毒。

（4）生根处理

对难生根的月季品种可在切口处涂抹 500mg/kg 的生根粉。

（5）填充基质

在距剥皮处 2~3cm 的枝条下部，把长、宽均为 15cm 的塑料薄膜卷成圆筒状，底端用线进行捆扎，在里面填入湿润、吸水性好的培养土或其他基质，压紧，然后将上端也用线扎紧。为了便于观察生根情况，可用无色的塑料薄膜，但最好外面套一层铝箔纸以利于生根，也可直接用黑色塑料薄膜包裹。

（6）压条后管理

对压条植株进行常规浇水、施肥等管理工作。注意观察，环剥处基质缺少水分时，将上端线绳解开，轻轻注入水，使基质始终保持湿润，但不要太湿。一般在 1~2 个月长出新根，当大量新根长出后切离母体培养成新植株。

任务考核

根据表 2-5-1 进行考核评价。

表 2-5-1　花卉压条考核评价标准

考核项目	考核内容	考核标准	赋分（分）	得分（分）	评价人
操作技能	选材	压条材料选择合适	35		
	压条	压条操作娴熟，根系损伤较小	40		
	清理场地	及时清场，不浪费材料，爱惜工具	5		
素质要求	出勤纪律	按时出勤（不迟到或早退），遵章守纪	5		
	学习态度	态度端正，积极认真，勇于实践	5		
	团队协作	小组成员团结协作，有集体观念	5		
	方法能力	学习方法灵活，能按时完成任务	5		
合　计					

拓展坊

藤本月季、连翘压条繁殖（低压法）

（1）压条时间

藤本月季的压条一般在 5~6 月或 8 月进行，连翘的压条一般在 6~7 月进行。

（2）选条

藤本月季选择植株上 1~2 年生、生长健壮、无病虫害的枝条。连翘选择植株上离地面较近的当年生、生长健壮、无病虫害的枝条。

（3）刻伤处理

用小刀在枝条被压部分切割几道环形口，也可进行环状剥皮（宽 1~2cm），在刻伤处或剥皮处涂抹 500mg/kg 的生根粉。

（4）挖沟

在准备压条的枝条下对应地面处挖一条深 10cm 左右、宽 10cm 左右的沟，靠母树一侧沟壁为斜坡状，另一侧垂直。将枝条顺沟放置，使枝梢露出地面，埋土后用砖块压紧。也可直接将枝条压埋入装满土的花盆中。压埋枝条的土壤最好是透气性好的砂壤土。最后在上面用塑料薄膜盖严实。

（5）压条后管理

对压条植株进行常规浇水、施肥等管理工作。压埋土壤保持湿润，一般 1 个月左右出现新根，当大量新根长出后切离母体进行栽植。

活动坊

1. 调查月季压条的结果，完成月季压条成活率统计表（表 2–5–2）。

表 2-5-2 月季压条成活率统计

压条时间	压条株数	成活株数	成活率（%）	备注

2. 将月季压条的操作过程整理成报告。

项目3 蔬菜和果树常规育苗

任务3-1 蔬菜常规育苗

任务坊

任务目标

知识目标

1. 掌握蔬菜常规育苗技术要点。
2. 熟悉蔬菜常规育苗的步骤。
3. 掌握蔬菜育苗过程中的注意事项。

技能目标

1. 能够配制营养土。
2. 能够设置苗床。
3. 能够独立完成蔬菜播种和苗期管理。

素质目标

1. 培养吃苦耐劳、踏实肯干的职业素养。
2. 培养求真务实、精益求精的精神。

任务描述

设施常规育苗是蔬菜育苗的主要方式，是蔬菜栽培的基本技能之一。本任务主要进行蔬菜设施常规育苗（包括营养土配制、选择育苗容器、设置苗床、播种及苗期管理），培育优质壮苗。

任务准备

1. 材料及用具：大田土、泥炭、细河沙、珍珠岩、蛭石、穴盘、育苗盘、营养钵、铁锹、移植铲、喷壶。

2. 植物材料：冰草种子、紫甘蓝种子、薄荷种子、秋葵种子、茼蒿种子等。

3. 药剂：杀菌剂。

4. 实训场所：温室。

知识提示

1. 营养土的配制方法和要求。
2. 营养土的消毒方法。
3. 播种苗床的设置要求和苗床面积的计算方法。
4. 播种容器的选择。
5. 播种技术。
6. 播种量的计算。
7. 苗期管理。

任务实施

【我的笔记】

宝剑锋从磨砺出，梅花香自苦寒来

1. 营养土配制

营养土一般是用大田土、腐熟有机肥、疏松物质（可选用泥炭、细河沙、细炉渣、炭化稻壳等）、化学肥料等按一定比例配制而成。良好的营养土要求养分齐全、酸碱适度、疏松通透、保水能力强，无病菌、虫卵和草籽。

播种床土要求特别疏松、通透，以利于幼苗出土和分苗、起苗时不伤根，对肥沃程度要求不高。可用大田土 4 份，泥炭 5 份，珍珠岩 1 份，蛭石 1 份。播种床土厚度 6~8cm。

2. 营养土消毒

为了防止营养土带菌引发苗期病害，可采用下列方法对营养土进行消毒。

（1）药土消毒

将药剂先与少量土壤充分混匀，再与全部所计划使用的土壤进一步拌匀成药土。播种时，用 2/3 药土铺底，1/3 药土覆盖，使种子四周都有药土，可以有效地控制苗期病害。常用药剂有多菌灵和甲基硫菌灵，每平方米苗床用量为 8~10g。

（2）福尔马林熏蒸消毒

一般用福尔马林 100 倍液喷洒床土，拌匀后堆置，用薄膜密封 5~7d，然后揭开薄膜，待药剂挥发再使用。

（3）药液消毒

用代森锌或多菌灵 200~400 倍液消毒，每平方米床面用 10g 原药，配成 2~4kg 药液喷施即可。

3. 苗床设置

苗床设置在温室中光照最充足的地方。一般选温室中间位置，此处光照、温度最适宜。苗床的宽度一般为 1~1.5m。

4. 播种容器选择

常用的播种容器有育苗盘、穴盘（多种规格）、营养钵等。根据蔬菜种类、所要育的种苗大小选择不同的育苗容器。例如，绿叶菜类蔬菜常用育苗盘或者孔径较小的穴盘进行播种；番茄根系再生能力强，适宜多次分苗移栽，常采用育苗盘进行播种，露真叶时再分苗至穴盘中；黄瓜根系再生能力差，适宜进行护根育苗，常选用营养钵进行播种；紫甘蓝单株占地面积小，且种子较小，可以采用苗床撒播，或者育苗盘撒播。

5. 播种量及苗床面积的确定

$$\text{种子使用价值} = \text{种子纯度} \times \text{品种纯度} \times \text{种子发芽率}$$

$$\begin{array}{c}\text{单位面积}\\\text{播种量（g）}\end{array} = \frac{\text{种植密度（穴数）} \times \text{每穴种子粒数}}{\text{每克种子粒数} \times \text{种子使用价值}} \times \text{安全系数（1.2~4.0）}$$

$$\begin{array}{c}\text{播种床}\\\text{面积（}m^2\text{）}\end{array} = \frac{\text{播种量（g）} \times \text{每克种子粒数} \times \text{每粒种子所占面积（}cm^2\text{）}}{10\ 000}$$

中、小粒种子可按每平方厘米分布 3~4 粒有效种子计算，较大粒种子可按每粒有效种子占苗床面积 4~5cm^2 计算。

6. 播种

播种宜选择晴天上午进行，此时温度高，出苗快且整齐。阴雨天播种，地温低，迟迟不出苗，易造成种芽腐烂。播前浇足底水，待水渗后撒一层药土，播种后盖一层药土，上面再覆一层细潮土，覆土厚度为 0.5~1.0cm。

7. 播后管理

当幼苗大部分出土时，要撤掉覆盖物。前期尽量不浇水，可向幼苗根部筛细潮土，以减少床面水分蒸发，降低苗床湿度，防止病害发生，同时可以对根部进行培土，促使不定根的发生。后期如果苗床缺水，可选晴天浇一次透水再保墒，切忌小水勤浇。如果发生猝倒病，应及时将病苗挖去，以药土填穴。

8. 出苗率及生长状况观察

播种后，随时观察出苗情况。要求出苗率达 80% 以上，出苗一致，无“戴帽”出土；幼苗粗壮，无徒长苗、老化苗等。

任务考核

根据表 3-1-1 进行考核评价。

表 3-1-1 蔬菜常规育苗考核评价标准

考核项目	考核内容	考核标准	赋分（分）	得分（分）	评价人
操作技能	营养土配制与消毒	各成分配比合理，消毒方法正确，操作熟练	30		
	苗床设置	苗床位置选择合理，苗床宽度符合要求	10		
	育苗容器选择	根据蔬菜种类，正确选择育苗容器	5		
	播种量及苗床面积确定	播种量及苗床面积计算准确	5		
	播种	播种方式正确，播种深度合理，及时浇透水	10		
操作技能	播后管理	管理及时，措施恰当	10		
	出苗率及幼苗生长状况观察	出苗率达 80% 以上，出苗一致，无“戴帽”出土；幼苗粗壮，无徒长苗、老化苗等	10		
素质要求	出勤纪律	按时出勤（不迟到或早退），遵章守纪	5		
	学习态度	态度端正，积极认真，勇于实践	5		
	团队协作	小组成员团结协作，有集体观念	5		
	方法能力	学习方法灵活，能按时完成任务	5		
合　计					

拓展坊

设施常规育苗常见问题及原因

（1）烂种或出苗不齐

烂种一方面与种子质量有关，种子未成熟、贮藏过程中霉变、浸种时烫伤均可能造成烂种；另一方面，播种后低温高湿、施用未腐熟的有机肥、种子出土时间长等，使种子长期处于缺氧条件下，也易发生烂种。

出苗不齐是由于种子质量差、底水不均、覆土薄厚不均、床温不均、有机肥未腐熟、化肥施用过量等原因造成的。

（2）“戴帽”出土

土温过低、覆土太薄或太干，使种皮受压不够或种皮干燥发硬不易脱落，导致“戴帽”出土。另外，瓜类种子直插播种，也易“戴帽”出土。为防止“戴帽”出土，播种时应均匀覆土，保证播种后有适宜的土温。幼苗刚出土时，如果床土过干，可喷少量水保持床土湿润；发现有覆土太薄的地方，可补撒一层湿润细土。发现“戴帽”出土时，可先喷水使种皮变软，再人工脱去种皮。

（3）沤根

幼苗不发新根，根呈锈色，病苗极易从土中拔出。沤根主要原因是苗床土温长期低于12℃，加之浇水过量或遇连阴天，光照不足，致使幼苗根系在低温、过湿、缺氧状态下发育不良。应提高土壤温度（尽量保持在16℃以上），播种时一次浇足底水，出苗过程中适当控水，严防床面过湿。

（4）徒长

徒长苗茎细长，叶薄色淡，须根少而细弱，抗逆性较差，定植后缓苗慢，不易获得早熟高产。幼苗徒长是光照不足、夜温过高、水分和氮肥过多等原因造成的，可通过增加光照、保持适当的昼夜温差、适度给水、适量播种、及时分苗等管理措施来预防。

（5）老化

老化苗又称僵苗、小老苗。老化苗茎细弱、发硬，叶小发黑，根少色暗。老化苗定植后发株缓慢，开花结果晚，结果期短，易早衰。老化苗是苗床长期水分不足、温度过低或植物生长调节剂处理不当等原因造成的，育苗时应注意防止长时间温度过低、过度缺水和不按要求使用植物生长调节剂。

活动坊

1. 分组讨论，制订实施方案。
2. 分组完成紫甘蓝的育苗。
3. 每组选派一名成员讲解任务实施方案和操作步骤及注意事项。
4. 统计成活率及生长状况。

任务 3-2　果树常规育苗

任务坊

任务目标

知识目标

1. 了解草莓繁殖的方法。
2. 熟悉草莓的生长特性。
3. 掌握草莓匍匐茎育苗技术。

技能目标

1. 能够配制育苗基质。
2. 能够利用草莓匍匐茎育苗。
3. 能够进行草莓种苗分级及包装。

素质目标

1. 培养吃苦耐劳、勤于动手的职业素质。
2. 培养知行合一的工作作风。

任务描述

果树种苗繁育是提高产量、质量和经济价值的重要措施，也是发展生产的一项基本措施。本任务主要进行果树种苗繁育 [包括育苗准备（基质配制、容器的选择）、母株选择、定植及管理，并适时采收和分级]，获得大量果树优质种苗。

任务准备

1. 器材及用具：锹、栽培槽、栽培穴盘、灌水工具等。
2. 植物材料：草莓、沙棘、树莓等。
3. 实训场所：温室。

知识提示

1. 果树的繁殖方法。
2. 果树的形态特征及生长习性。
3. 果树优良品种。
4. 果树病虫害防治。
5. 果树种植后管理。

任务实施

【我的笔记】

天行健，君子以自强不息

1. 育苗准备

（1）育苗基质准备

育苗基质可用泥炭、蛭石、椰糠（或锯末屑、玉米秸秆粉）按1∶1∶1进行混合配制，每立方米基质加0.5kg石灰氮、0.5kg磷酸二铵、1.0kg三元复合肥（15∶15∶15）、5kg羊粪、少量微量元素肥，充分搅拌均匀，洒水（保持水分含量60%），堆高1.5m，覆盖塑料膜。堆温要求达到50℃左右，堆沤20~25d备用。

（2）育苗槽和育苗穴盘选择

选用的育苗槽为5cm厚塑料泡沫板（或控根容器）。育苗槽长依大棚长度而定，宽20cm，高20cm。子苗用口径6cm×2cm、深1cm的32孔穴盘盛接。在南北走向的塑料大棚中，放置好装满育苗基质（基质表面覆盖一层厚3~5cm的蛭石）的育苗槽，每个棚摆放3行育苗槽，槽间距为1.75m，并铺设好2条滴灌带，滴灌带出水口间距30cm。装好育苗基质（基质表面覆盖一层1cm厚的蛭石，基质表面距离盘边缘1cm）的子苗穴盘摆放在育苗槽的两侧。

2. 母株选择

繁育原种一代苗，选用健壮、根系发育良好、粗根长5cm以上、新茎粗0.4~0.8cm、叶柄短而粗壮、有4~5片完全叶的脱毒种苗作母株。

3. 定植

大棚草莓母株定植的适宜时期为4月初，外界气温稳定在5℃以上时定植。双行、三角形栽植在育苗槽内，株距30~35cm，每亩*定植1300株左右。定植时要把握“深不埋心、浅不露根”的原则。定植前先浇水，基质潮湿即可，定植后浇足定植水。

4. 母株定植后管理

水分管理分阶段进行。采用滴灌给水方式，滴灌带紧靠草莓母株根颈部。定植时浇透水，4月每天浇水一次，每次滴灌20min；5月中旬以后每天浇水2次，分别在10:00以前及17:00以后，每次滴灌20~30min；6月中旬至8月下旬，每天浇水2次，分别在10:00以前及17:00以后，每次滴灌30~45min。9月天气转凉，每天浇水一次，每次滴灌20min。浇水的原则是基质保持湿润，以不从育苗槽侧面渗水，清晨草

* 1亩≈667m^2。

莓植株的叶边缘有“吐水”现象为宜。

母株定植后，根据叶色状况，每 15~25d 施用一次大量元素水溶肥，施肥量每株 0.5~1.0g，用水稀释 500~600 倍后冲施在母株周围。7 月下旬以后控制氮肥用量，增施磷、钾肥。8 月以后不施肥。

5. 引压子苗及子苗管理

及时摘除母株抽出的第一条匍匐茎和细弱匍匐茎，待匍匐茎上的子苗长至 1 叶 1 心，基部不定根有明显突起时，用“U”形塑料卡或铁丝将匍匐茎引压固定在母株两侧的穴盘内，诱导其生根。注意压苗不要过紧、过深，以免留下伤口，引起病害。

子苗可采用雾化程度特别高的喷灌系统浇水，喷头距地面 1.5~2.0m，避免将泥水溅到叶片上引起病害。一般在压苗后的匍匐茎长出二、三级子苗，或子苗定植前的 40~50d 开始喷灌，每天浇水 2 次，分别在 10:00 以前及 17:00 以后，每次喷灌 10~20min。子苗不施肥。

6. 子苗分离

8 月中旬进行子苗分离，即剪断子苗与母株以及子苗与子苗间的匍匐茎。视子苗生长情况，可先切离母株和一级匍匐茎，2~3d 后再切离二级匍匐茎，也可在子苗长满穴孔时剪断匍匐茎，移至另外的避雨空间中。

7. 采收与分级

根系发达，短缩茎粗在 0.6~1.0cm，具有 3 叶 1 心，植株健壮，无病虫害，即达到采收标准。采收时新茎粗 1cm 以上，4 叶 1 心，10cm 长的主根 10 条以上，为一级苗。新茎粗 0.8cm 以上，3 叶 1 心，8cm 长的主根 8 条以上，为二级苗。新茎粗 0.6cm 以上，3 叶 1 心，6cm 长的主根 6 条以上，为三级苗。

任务考核

根据表 3-2-1 进行考核评价。

表 3-2-1　果树种苗繁育考核评价标准

考核项目	考核内容	考核标准	赋分（分）	得分（分）	评价人
操作技能	育苗准备	育苗基质配置操作规范，育苗穴盘摆放合理	15		
	母株选择与定植	选择的母株符合标准，定植操作规范	15		
	母株定植后管理	母株管理操作规范	10		
操作技能	引压子苗及子苗管理	引压子苗时间合理，育苗操作规范	15		
	子苗分离	子苗分离操作规范	15		
	采收与分级	采收符合标准，按标准准确分级	10		
素质要求	出勤纪律	按时出勤（不迟到或早退），遵章守纪	5		
	学习态度	态度端正，积极认真，勇于实践	5		
	团队协作	小组成员团结协作，有集体观念	5		
	方法能力	学习方法灵活，能按时完成任务	5		
合　计					

拓展坊

沙棘播种繁育技术

（1）播种季节

播种以春季为好。当土层 5cm 深处温度达 10℃左右时，种子即可发芽，15~25℃为种子发芽最适宜的温度。

（2）种子播前处理

沙棘种子没有休眠期，可以不经沙藏直接播种。播前先用 0.1%~0.3% 高锰酸钾溶液浸种 30min，然后用清水冲洗干净，再用 40~60℃温水浸泡并搅拌至冷却，浸种时间为 24h。浸种后混细河沙催芽，种沙比为 1：（2~3）。种子堆置于 15℃左右的条件下，每天翻动数次，4~7d 后，有 50% 左右的种子破壳发芽时即可播种。

（3）播种方法

沙棘播种育苗一般采用条播法。在苗床上用开沟器开出深 1~2cm、宽 8~10cm 的宽沟，然后将种子均匀撒播于条沟内，播后用细土覆盖，厚度为 1cm，轻轻镇压。每亩播种量通常为 5~6kg。

（4）播种后管理

播种后喷水，7~10d 幼苗开始破土现绿。幼苗出齐后，用 2%~3% 硫酸亚铁溶液或 0.5% 高锰酸钾、0.2% 多菌灵、0.1% 甲基硫菌灵喷洒，以预防立枯病的发生。6 月中下旬至 8 月中旬追施 1~2 次速效性氮肥和一次复合肥。苗期主要虫害是蛴螬和蝼蛄等，可用乐果等杀灭。

活动坊

1. 培育一定数量的草莓苗，并记录其生长情况。
2. 完成实训报告。
3. 完成草莓生长及管理过程评价。

项目 4 组培苗生产

任务 4-1 培养基母液配制

任务坊

任务目标

知识目标

1. 了解培养基母液配制的目的和意义。
2. 明确培养基母液中各成分用量的计算方法。
3. 熟悉培养基母液配制的流程和注意事项。

技能目标

1. 能够准确计算培养基母液中各成分的称取量。
2. 能够按照配方进行各类培养基母液的配制与保存。

素质目标

1. 培养一丝不苟、认真细致的学习态度。
2. 培养耐心细致、精益求精的工作作风。
3. 培养安全意识和责任意识。

任务描述

每种培养基内都包含多种成分，有些成分的用量非常小，如果每次配制培养基时都即时称量，不仅费时、费工，也不够准确，因此可根据配方特点预先配制成浓缩液（母液），用时稀释。本任务主要进行培养基母液配制（包括计算称取量、称量、药品溶解与定容、母液装瓶与保存）。

任务准备

1. 器材及用具：电子分析天平（感量 0.0001g）、电子天平（感量 0.01g）、冰箱、玻璃棒、烧杯（200mL、500mL）、试剂瓶（100mL、500mL 的棕色或白色试剂瓶）、容量瓶（100mL、200mL、250mL、500mL）、玻璃棒、胶头滴管、洗瓶、镊子、称量纸、标签纸、计算器等。

2. 试剂：配制 MS 培养基母液所需的 19 种化学药品、植物生长调节剂（NAA、6-BA

等）、95% 乙醇、蒸馏水、0.1mol/L NaOH、0.1mol/L HCl。

3. 实训场所：植物组织培养理实一体化教室。

知识提示

1. 母液配制的目的和意义。
2. 电子天平的使用方法。
3. 植物生长调节剂的溶解。
4. 药品混合的顺序。

任务实施

【我的笔记】

绳锯木断，水滴石穿

1. 计算药品称取量

确定每种母液（大量元素、微量元素、铁盐、有机物和植物生长调节剂母液）的配制体积、扩大倍数或浓度。根据公式计算各种母液中每种化学药品的称取量。

称取量（mg）= 规定量（mg/L）× 扩大倍数 × 母液体积（L）

2. 药品称量

根据药品的称取量，选择适当精确度的天平（微量元素、有机物应精确到 0.0001g，大量元素可精确到 0.01g）。称量要做到准确、迅速。每种药品称量后都应单独放到一个洗净的烧杯中，不能混放。每一种称好的药品都应立即做好标记，以免重复或遗漏。

3. 药品溶解、定容

（1）溶解

每一种药品都需用蒸馏水单独溶解，且必须充分溶解后才能混合。混合时注意先后顺序，以免产生沉淀。

（2）定容

将混合液转移到容量瓶中，用蒸馏水冲洗烧杯 3~4 次，将洗液全部转入容量瓶中，用蒸馏水定容后摇匀。

4. 母液装瓶、保存

（1）装瓶

用配好的母液润洗试剂瓶，然后将母液转移到试剂瓶中。瓶上应分别贴上标签，注明母液名称、扩大倍数和配制日期。

（2）保存

配制好的母液放在冰箱内（0~5℃）保存，保存时间不宜过长，大量元素母液最好在 1 个月内用完。如果发现母液有混浊或沉淀现象发生，则弃之勿用。

任务考核

根据表 4-1-1 进行考核评价。

表 4-1-1　培养基母液配制考核评价标准

考核项目	考核内容	考核标准	赋分（分）	得分（分）	评价人
操作技能	药品称取量计算	准确计算各种药品用量	15		
	药品称量	采用直接称量法称样，称量操作规范、熟练	20		
	药品溶解、定容	溶剂选用合理、搅拌正确、完全溶解，定容准确	30		
	母液装瓶、保存	母液准确转移到试剂瓶中，贴好标签，标签内容准确，母液保存方法正确	10		
	场地清洁	场地及台面干净、整洁，物品按要求整理归位	5		
素质要求	出勤纪律	按时出勤（无迟到或早退），遵章守纪	5		
	学习态度	态度端正，积极认真，勇于实践	5		
	团队协作	分工合理，互相协作	5		
	方法能力	学习方法灵活，能按要求完成任务	5		
合　计					

拓展坊

1. 稀酸和稀碱的配制方法

（1）0.1mol/L HCl 的配制

利用公式 $n=m/M$ 计算出盐酸的用量 m, 即 $m=M\times n$=36.5g/mol × 0.1mol=3.65g。

浓盐酸的浓度是 36.5%, 则需要浓盐酸的质量 =3.65g ÷ 36.5%=10g；浓盐酸的密度是 1.19g/mL，则需要浓盐酸的体积 =10g ÷ 1.19g/mL=8.4mL。

取浓盐酸 8.4mL，先稀释，再定容到 1L 即可。

（2）0.1mol/L NaOH 的配制

利用公式 $n=m/M$ 计算出氢氧化钠的用量 m，即 $m=M\times n$=40g/mol × 0.1mol=4g。

称取 NaOH 4g 加蒸馏水溶解，定容至 1L 即可。

注意：不能将 NaOH 直接放入容量瓶中溶解，以免损坏容器，使度量不准确。

2. 植物生长调节剂助溶剂

（1）生长素类

用少量 95% 的乙醇或 0.1mol/L NaOH 溶液溶解。

（2）细胞分裂素类

用少量 0.1mol/L HCl 溶液溶解。

（3）赤霉素

用少量 95% 的乙醇溶解。

活动坊

1. 配制大量元素母液（20 倍）、微量元素母液（100 倍）、铁盐母液（100 倍）和有机物母液（100 倍）各 500mL。

2. 配制 6–BA（1mg/mL）、NAA（1mg/mL）各 100mL。

3. 完成母液配制过程评价。

任务 4-2　培养基配制与灭菌

任务坊

任务目标

知识目标

1. 熟悉培养基的配制流程和操作细节。
2. 掌握母液吸取量的计算方法。
3. 掌握培养基灭菌的方法。

技能目标

1. 能够根据培养对象和培养目的，制订并筛选培养基配方。
2. 能够根据配方，准确配制培养基。
3. 能够用高压灭菌锅进行培养基灭菌。

素质目标

1. 培养自觉执行的习惯和团结互助的精神。
2. 增强安全操作意识。

任务描述

培养基是植物组织培养的重要基质，配制合适的培养基是决定植物组织培养成败的关键因素之一。本任务主要进行培养基配制（包括计算、称取、母液移取、培养基熬制、定容、pH 调整、培养基分装与封口，并使用高压蒸汽灭菌锅进行灭菌）。

任务准备

1. 器材及用具：高压蒸汽灭菌锅、电子天平（感量 0.01g）、电磁炉、玻璃棒、pH 试纸（5.4~7.0）、搪瓷杯（1000mL）、移液管（10mL、5mL、1mL、0.5mL）、量筒（50mL、1000mL）、烧杯（200mL、500mL）、培养瓶、镊子、称量纸、洗瓶、吸耳球、记号笔等。

2. 试剂：MS 培养基母液和植物生长调节剂母液、琼脂、蔗糖或白糖、蒸馏水、0.1mol/L NaOH、0.1mol/L HCl。

3. 实训场所：植物组织培养理实一体化教室。

知识提示

1. 培养基配方的筛选。
2. 培养基母液吸取量计算。
3. 培养基配制过程中各物质添加方法。
4. 高压蒸汽灭菌锅的使用方法。
5. 培养基预培养。

任务实施

1. 计算

根据培养基配方及母液扩大倍数，计算蔗糖（可用白糖代替）、琼脂用量及各母液移取量。计算公式为：

$$蔗糖、琼脂用量（g）= 配制培养基的体积（mL）\times 蔗糖、琼脂浓度（\%）$$

$$母液吸取量（mL）= \frac{配制培养基的体积（mL）}{扩大倍数}$$

$$植物生长调节剂母液吸取量（mL）= \frac{配方浓度（mg/L）\times 配制体积（L）}{母液浓度（mg/mL）}$$

2. 母液移取

根据计算的移取量，用移液管依次吸取大量元素、微量元素、铁盐、有机物和植物生长调节剂母液于烧杯内混合。操作中最好将移液管与母液瓶分别对应，以免混乱；做到一次性移取，不滴、不漏，准确移取。

3. 药品称量

用感量 0.01g 的天平分别称取蔗糖和琼脂，放入加热容器（如搪瓷缸）。

4. 药品溶解

在加热容器里加入蒸馏水或自来水（为培养基体积的 70%~80%），置于电磁炉上加热，边加热边搅拌，直至蔗糖、琼脂完全溶解。

5. 定容

将母液混合液加入完全溶解的琼脂溶液中，搅拌混匀，并加水定容到所需体积。

6. pH 调整

待培养基温度降至 50~55℃时，用酸度计或 pH 试纸测定 pH，再用 0.1mol/L NaOH 溶液或 0.1mol/L HCl 溶液将 pH 调整到规定值。调节 pH 时，NaOH 溶液或 HCl 溶液要逐渐添加，避免一次加入过多，且加入后必须搅拌均匀。通常培养基经高压灭菌，其 pH 会降低 0.2 左右，因此在调节 pH 时应考虑此因素的影响。

7. 培养基分装、封口

配好的培养基趁热（40℃以上）分装到培养瓶中。分装时根据容器大小掌握好培养基的量，一般为每瓶 30~40mL。分装时注意不要将培养基沾到容器口，以免引起污染。分装后立即盖上盖子或用合适的其他封口材料封口，并做好标记，注明培养基名称、配制时间等信息。

【我的笔记】

万夫一力，天下无敌

8. 培养基灭菌

分装后的培养基应及时灭菌，防止变质。培养基灭菌采用湿热灭菌法，即把封口的培养基放入高压蒸汽灭菌锅中，在0.105MPa、121℃条件下灭菌15~30min。灭菌后趁热取出平置，预培养2~3d，没有杂菌污染方可使用。

任务考核

根据表4-2-1进行考核评价。

表4-2-1 培养基配制与灭菌考核评价标准

考核项目	考核内容	考核标准	赋分（分）	得分（分）	评价人
操作技能	计算	准确计算蔗糖、琼脂的称取量及各种母液的吸取量	10		
	母液移取	母液移取准确、迅速，操作规范、熟练	10		
	药品称量	采用直接称量法称样，称量方法正确	10		
	药品溶解	无糊锅、溢锅现象，琼脂完全溶解，液体澄清透明	10		
	定容	正确加入母液，并用蒸馏水定容	5		
	pH调整	pH测定、调节正确，操作熟练	10		
	培养基分装、封口	分装均匀，操作熟练；培养瓶表面洁净，贴好标签或做好标记，标签或标记内容准确；封口松紧适宜	10		
	培养基灭菌	灭菌方法正确，灭菌彻底	10		
	场地清洁	场地及台面干净、整洁，物品按要求整理归位	5		
素质要求	出勤纪律	按时出勤（无迟到或早退），遵章守纪	5		
	学习态度	认真观察，仔细记录，善于学习，勤于交流	5		
	团队协作	分工合理，互相协作	5		
	方法能力	学习方法灵活，操作熟练，能按要求完成任务	5		
合　计					

拓展坊

MS 培养基冷分装配制

以培养基 MS + 0.5mg/L 6–BA + 0.3mg/L IBA 为例，配制 50L 培养基。具体操作流程如下：

（1）药品称量并溶解

①称量琼脂条 400g 和白糖 1500g，称量好的琼脂条用蒸馏水浸泡 30min。

②称量大量元素药品：KNO_3 95g、NH_4NO_3 82.5g、KH_2PO_4 85g、$MgSO_4 \cdot 7H_2O$ 18.5g。依次倒入烧杯中，加蒸馏水后用磁力搅拌器搅拌溶解。

③称量 $CaCl_2$ 16.6g，倒入另一个烧杯中加水溶解。

（2）吸取母液

吸取量计算方法为：吸取量（mL）= 配制培养基的体积（mL）/ 母液扩大倍数。

铁盐母液、微量元素母液和有机物母液扩大倍数均为 400 倍，各吸取 125mL。6–BA（1mg/mL）吸取 25mL，IBA（1mg/mL）吸取 15mL，放入烧杯中。

吸取母液时，要先用母液润洗量筒。使用量筒量取母液时，注意凹液面要与视线相平。

（3）培养基混合、搅拌、定容

①将大量元素溶液和吸取好的母液倒入灌装机中，并用蒸馏水润洗装母液的烧杯。

②将白糖倒入榨汁机中，倒入量不超过搅拌杯的 1/3，然后加蒸馏水，水量不超过搅拌杯的 1/2，搅拌 20s，搅拌结束后倒入灌装机中。

③将泡好的琼脂条放入榨汁机中进行搅拌，倒入量为搅拌杯容量的 1/2，搅拌后倒入灌装机中，并打开灌装机搅拌按钮，开始搅拌。

④待灌装机中的溶液到达配制体积的 1/2 时，将钙盐母液倒入灌装机，用蒸馏水润洗装母液的烧杯。

⑤接近配制体积 50L 刻度线时，将植物生长调节剂母液倒入灌装机，搅拌 1min 后，停止搅拌，用蒸馏水定容至刻度线，然后继续搅拌 3min 以上。

⑥用量筒量取 10mL 2mol/L 的 NaOH 倒入灌装机中，继续搅拌，持续 6min 以上。

⑦用 pH 试纸测定培养基的 pH，调节至 5.8 左右即可。

（4）培养基灌装和灭菌

打开灌装按钮，调节好合适的流速和间隔时间，开始灌装，将培养基分装至组培袋中。注意不要将培养基沾到组培袋口或者外侧，避免污染。

分装好的培养基，放入牛皮纸袋，经过灭菌后备用。

活动坊

1. 各组设计培养基，根据配方完成 1L 培养基的配制及灭菌。
2. 根据所在省份职业院校技能大赛植物组织培养项目规程，进行培养基配制操作练习。
3. 完成培养基配制过程评价。

任务 4-3　初代培养

任务坊

任务目标

知识目标

1. 了解各种外植体表面灭菌剂的灭菌原理。
2. 熟悉外植体选择的原则和方法。
3. 熟悉外植体的预处理方法。
4. 熟悉初代培养的操作程序。
5. 了解初代培养中常见的问题及解决措施。

技能目标

1. 能够准确、熟练地选择外植体并对外植体进行预处理。
2. 能够根据外植体的特点，选择适合的灭菌剂和灭菌时间进行外植体表面灭菌。
3. 能够规范、熟练地进行初代接种及培养。
4. 能够判断初代培养过程中常见的问题并解决问题。

素质目标

1. 培养严格的无菌意识。
2. 培养细致严谨、勇于实践的素养。
3. 树立勤学苦练、坚忍不拔的精神。

任务描述

初代培养的成败直接关系到植物组织培养能否成功，是植物组织培养的基础和关键环节。本任务主要进行外植体选择、外植体预处理、外植体灭菌及无菌接种操作，建立高效、稳定的离体培养体系。

任务准备

1. 器材及用具：超净工作台、接种器械灭菌器、小推车、无菌瓶、酒精灯、剪刀、镊子、无菌滤纸、接种盘、酒精喷壶、纱布、打火器、烧杯（200mL）、废液杯、记号笔等。

2. 植物材料：长寿花、菊花等。

3. 试剂：培养基、无菌水、75% 乙醇、0.1% 升汞、洗衣粉等。

4. 实训场所：植物组织培养理实一体化教室。

知识提示

1. 外植体的选择。
2. 外植体材料的预处理。

3. 外植体表面灭菌剂灭菌原理。
4. 灭菌剂使用方法及注意事项。
5. 外植体接种方法。
6. 初代培养常见问题及解决措施。

任务实施

【我的笔记】
锲而不舍，金石可镂

1. 接种前器材及用具准备

将培养基、接种工具、无菌瓶、无菌水、75% 乙醇、0.1% 升汞、废液杯等放到小推车上，推到无菌操作室；打开超净工作台紫外灯及接种室紫外灯，灭菌 20min；关闭紫外灯，打开超净工作台的鼓风装置，让过滤的空气吹拂工作台面和四周的台壁 10min。

2. 外植体选择与预处理

选择生长旺盛、无病虫害的园艺植物材料，根据植物特性选择合适部位作为外植体。将外植体剪成适宜大小，放入烧杯中，用洗衣粉溶液清洗干净后，用纱布封好烧杯口，在自来水的流水下冲洗 30min，备用。

3. 接种人员准备

接种人员洗净双手，进入缓冲室，换好工作服，戴上口罩、帽子，穿上鞋套，进入无菌操作室。

4. 外植体表面灭菌

打开超净工作台照明灯，用装有 70% 乙醇的喷壶喷双手及台面，并用纱布擦拭工作台。

将预处理后的材料、接种工具、无菌水、无菌瓶等用 70% 的乙醇喷表面后，放进超净工作台摆放整齐，并打开接种工具的包装纸，将接种工具放到接种器械灭菌器内。

用镊子夹取烧杯中的外植体置于无菌瓶中，倒入 75% 的乙醇，灭菌 30s，将废液倒入废液杯，然后用无菌水冲洗 3 次，每次 3min，倒掉废液，再用 0.1% 的升汞灭菌 5~8min，用无菌水冲洗 5 次，每次 3min。灭菌过程中，倒入的药剂要浸没材料，并不停晃动无菌瓶。灭菌时间从倒入灭菌剂（75% 的乙醇）开始计算，到第一次倒入无菌水冲洗为止。

5. 接种

点燃酒精灯，用镊子夹取镊子架在酒精灯上灼烧灭菌，将灭菌器中的接种工具放到镊子架上。

准备接种盘及无菌滤纸，夹取灭过菌的外植体置于滤纸上，吸干材料表面水分，将外植体剪成适宜大小。左手握住培养瓶，在酒精灯外焰灼烧瓶口并打开瓶盖，将瓶子倾斜 45°；

右手夹取剪好的外植体，迅速插到培养基中。接种完成后，用酒精灯外焰再次灼烧瓶口和瓶盖，盖好瓶盖。在培养瓶上标记接种材料名称、接种日期及接种人员等信息。重复接种时需经常更换无菌滤纸，并对接种工具进行灭菌，防止交叉污染。

6. 场地清洁

接种完成后，清理干净工作台面及场地，关闭超净工作台。

7. 培养及观察

将接种好的培养材料置于培养室培养。培养条件为：温度 25℃左右，湿度 70% 左右，光照强度 2000~3000lx，每天连续光照 10~12h。培养期间，定期观察外植体生长情况及污染情况，做好详细记录及分析。

任务考核

根据表 4-3-1 进行考核评价。

表 4-3-1　初代培养考核评价标准

考核项目	考核内容	考核标准	赋分（分）	得分（分）	评价人
操作技能	接种前准备	接种用具准备齐全，接种室、超净工作台灭菌彻底	5		
	外植体选择与预处理	根据外植体类型不同，选择适当的预处理方法，且修整程度适宜，表面清洗洁净	10		
	接种人员准备	接种人员消毒符合要求	5		
	外植体表面灭菌	外植体表面消毒程序正确，消毒剂种类、浓度及消毒时间合适，无菌水冲洗次数及时间合理，无菌操作规范	15		
	接种	操作活动在酒精灯火焰有效范围内进行，勤换接种工具，外植体大小合适，接种均匀，接种操作过程规范；培养瓶上标记信息全面，字迹工整清晰	25		
	场地清洁	整理工作现场，超净工作台面干净、整洁，物品按要求整理归位	10		
	培养及观察	培养材料放至培养室，及时观察并记录污染、分化情况，进行分析	10		
素质要求	出勤纪律	按时出勤（无迟到或早退），遵章守纪	5		
	学习态度	操作认真，善于动手和思考	5		
	团队协作	分工合理，互相协作	5		
	方法能力	学习方法灵活，操作熟练，能按要求完成任务	5		
合　计					

拓展坊

常用表面灭菌剂的原理及使用注意事项

（1）乙醇（C_2H_6O）

乙醇是最常用的表面灭菌剂，穿透力较强，能在短时间内使微生物的蛋白质脱水变性，杀菌效果好，还具有较强的湿润作用，能有效排除材料表面的空气，使灭菌剂与植物材料充分接触，实现较好的灭菌效果。

70%~75% 的乙醇灭菌效果最好，而 95% 乙醇或无水乙醇会使微生物的表面蛋白快速脱水凝固，形成一层干燥膜，阻止乙醇继续渗入，杀菌效果大大降低。

乙醇不能彻底灭菌，一般不单独使用，多与其他灭菌剂配合使用。此外，乙醇对外植体材料的损伤也很大，浸泡时间过长会将植物材料杀死，使用时应严格控制时间。

（2）升汞（$HgCl_2$）

升汞是一种重金属盐类。Hg^{2+} 可与带负电荷的蛋白质结合，使蛋白质变性，从而杀死菌体。升汞灭菌效果很好，但易残留在植物材料上，消毒后需用无菌水反复多次冲洗。升汞属剧毒药品，使用后应做好回收工作。

（3）次氯酸钠（$NaClO$）

次氯酸钠是一种强氧化剂，分解后可释放出活性氯离子，从而杀死菌体。其灭菌效果很好，不易残留，对环境无害。但次氯酸钠溶液碱性很强，对植物材料会产生一定的损伤。

（4）漂白粉 [$Ca(ClO)_2$]

漂白粉的有效成分是次氯酸钙，灭菌效果很好，对环境无害。但它易吸潮，使有效氯散失而失效，应密封储存，以防潮解，并随配随用。

（5）过氧化氢（H_2O_2）

过氧化氢也称双氧水，灭菌效果好，易清除，且不会损伤外植体，常用于叶片的灭菌。

（6）新洁尔灭（$C_{21}H_{38}BrN$）

新洁尔灭是一种光谱表面活性灭菌剂，对绝大多数植物外植体伤害很小，杀菌效果好。

活动坊

1. 每人接种 5~10 瓶外植体，并做好观察记录。
2. 制作 PPT，对操作过程中应注意的重点问题进行讲解。
3. 展示初代培养成果，并进行总结和评价。

任务 4-4 继代培养

任务坊

任务目标

知识目标

1. 熟悉试管苗的增殖类型及特点。
2. 熟知继代转接的操作方法。
3. 了解继代培养过程中常见的问题。

技能目标

1. 能够根据园艺植物种类选择适宜的增殖方式。
2. 能够根据瓶苗的增殖类型进行规范的继代转接。
3. 能够判断继代培养过程中的常见问题并解决问题。

素质目标

1. 培养知行合一、勇于创新的工作作风。
2. 培养勤于学习、积极动手的习惯。
3. 培养集体荣誉感和责任感。

任务描述

继代培养是在初代培养之后的连续数代的增殖培养过程，是实现植物组培快繁的关键环节。本任务主要进行继代培养基选择、配制，并根据培养材料选择合适的增殖方式进行规范的继代转接，完成组培瓶苗的继代扩繁。

任务准备

1. 器材及用具：超净工作台、接种器械灭菌器、酒精灯、剪刀、镊子、无菌滤纸、接种盘、小推车、酒精喷壶、纱布、记号笔、打火器等。
2. 植物材料：待继代瓶苗。
3. 试剂：培养基等。
4. 实训场所：植物组织培养理实一体化教室。

知识提示

1. 继代培养的概念及意义。
2. 试管苗的增殖途径。
3. 试管苗增殖数量的计算。
4. 影响试管苗继代培养的因素。
5. 继代培养常见问题及解决措施。

任务实施

1. 继代培养基配制与灭菌

根据中间繁殖体的数量和生长状况确定培养基的类型和数量，合理进行小组分工，配制继代培养基并灭菌。

2. 转接准备

将培养基、转接苗、接种工具等放置到接种室，打开超净工作台的紫外灯及接种室的紫外灯，灭菌 20min。关闭紫外灯，打开超净工作台的鼓风装置。10min 后，接种人员即可进入。

3. 转接苗处理

根据中间繁殖体发生类型确定试管苗的增殖途径，并进行转接苗处理。例如，无菌短枝型材料可将其从培养瓶中取出，放到无菌滤纸上，用剪刀将其剪成长 1~1.5cm、带 1~2 片叶的茎段；丛生芽增殖型材料可将芽丛用接种刀分割成单株。

4. 接种操作

用无菌镊子夹取处理好的转接苗，迅速转接到新鲜的培养基中。接种过程中注意勤换工具，避免交叉污染；转接苗接种方向要正确，每瓶接种数量符合要求，并均匀分布在培养瓶中。

接种后在培养瓶上标记接种材料名称、接种日期及接种人员等信息。

5. 场地清洁

接种完成后，清理干净工作台面及场地，关闭超净工作台。

6. 培养及观察

将转接后的培养材料置于培养室培养。培养期间，定期观察和统计继代苗污染、生长及增殖情况，做好详细记录，进行分析和总结。

【我的笔记】

读书不觉已春深，一寸光阴一寸金

任务考核

根据表 4-4-1 进行考核评价。

表 4-4-1　继代培养考核评价标准

考核项目	考核内容	考核标准	赋分（分）	得分（分）	评价人
操作技能	继代培养基配制与灭菌	培养基配方适当，配制操作熟练、准确，灭菌方法正确，培养基凝固性好	10		
	转接准备	接种用具、转接苗、培养基准备齐全，接种室、超净工作台灭菌彻底，接种人员消毒符合要求	5		
	转接苗处理	接种工具灭菌彻底、程序规范，转接苗切取大小符合要求	10		

（续）

考核项目	考核内容	考核标准	赋分（分）	得分（分）	评价人
操作技能	接种操作	接种操作规范、熟练，勤换工具，无交叉污染；每瓶接种数量符合要求，大小合理，方向正确，分布均匀；培养瓶上标记信息全面，字迹工整清晰	35		
	场地清洁	整理工作现场，超净工作台面干净、整洁，物品按要求整理归位	10		
	培养及观察	继代瓶苗放至培养室，及时观察并记录污染、增殖等情况，记录全面详尽，分析合理	10		
素质要求	出勤纪律	按时出勤（无迟到或早退），遵章守纪	5		
	学习态度	操作认真，善于动手和思考	5		
	团队协作	分工合理，互相协作	5		
	方法能力	学习方法灵活，操作熟练，能按要求完成任务	5		
合　　计					

拓展坊

试管苗增殖类型

（1）无菌短枝型

将长到一定高度的试管苗剪切成带叶的茎段，转接到新鲜培养基上进行继代增殖的类型，即为无菌短枝型，又称无菌短枝扦插或微型扦插。其特点是：成苗速度快，不经愈伤组织诱导阶段，可一次成苗；遗传性状稳定；培养过程简单，适用范围广；移栽容易成活，但增殖系数相对较低。

其增殖工艺流程为：茎段（顶芽、侧芽）→幼枝→短枝→生根→完整植株。

（2）丛生芽增殖型

将茎尖或初代培养的芽在适宜的培养基上诱导，不断发生腋芽，形成丛生芽，再将丛生芽分割成单芽，增殖培养后成为新的丛生芽，如此重复芽生芽的过程，即为丛生芽增殖型。特点是：从芽增殖到芽，遗传性状稳定，繁殖速度快。

其增殖工艺流程为：茎尖、茎段或初代培养的芽→丛生芽→生根→完整植株。

（3）器官发生型

从外植体诱导产生的愈伤组织上诱导产生不定芽的增殖途径，即为器官发生型，也称愈伤组织发生途径。特点是：从成熟组织诱导分生组织，再诱导发生单芽或者丛生芽，可扩大繁殖，但容易产生突变。

其增殖工艺流程为：叶片、叶柄、花瓣等→愈伤组织 →$\left\{\begin{array}{l}\text{不定芽→不定根}\\ \text{不定根→不定芽}\end{array}\right\}$→完整植株。

（4）胚状体发生型

利用叶片、脂肪、花药、胚等器官诱导体细胞胚胎发生。特点是：胚状体数量多、结构完整，成苗容易，繁殖速度快；很多植物难以诱导出胚状体，发生机理也未研究清楚，且有些存在变异。

其增殖工艺流程为：体细胞→胚状体→完整植株。

（5）原球茎发生型

由植物的茎尖或者侧芽经过培养产生原球茎再分化成小植株。特点是：原球茎具有完整的结构，易成苗，繁殖速度快，再生后代变异概率小。

其增殖工艺流程为：茎尖、侧芽→原球茎→完整植株。

活动坊

1. 每人转接30瓶试管苗，并做好观察和记录。
2. 根据国家或省级职业院校技能大赛植物组织培养项目规程，进行无菌接种操作练习。
3. 展示继代培养成果，并进行总结和评价。

任务 4-5　生根培养

任务坊

任务目标

知识目标

1. 了解试管苗生根培养的意义。
2. 熟悉影响试管苗生根培养的因素。
3. 掌握试管苗生根培养的方法。
4. 了解生根培养过程中的常见问题及产生问题的原因。

技能目标

1. 能够设计并配制生根培养基。
2. 能够根据园艺植物种类选用适宜的生根方法。
3. 能够规范、熟练地进行生根接种操作。
4. 能够判断生根培养过程中的常见问题并解决问题。

素质目标

1. 培养耐心细致、积极思考的习惯和主动探究、勇于实践的精神。
2. 培养敬业、精益、专注的工作态度和勇于担当的精神。
3. 培养精于观察、善于发现，积极解决问题的能力。

任务描述

继代培养后，往往会诱导产生大量无根的丛生芽、丛生茎或原球茎，一般需要进一步诱导生根，才能得到完整的植株。本任务主要根据试管苗生长情况，及时准确制订生根培养计划，配制适宜的生根培养基，完成生根接种操作及培养，并解决生根培养过程中遇到的问题，获得高质量的生根瓶苗。

任务准备

1. 器材及用具：超净工作台、接种器械灭菌器、酒精灯、剪刀、镊子、无菌滤纸、接种盘、小推车、酒精喷壶、纱布、记号笔、打火器等。

2. 植物材料：待生根瓶苗。

3. 试剂：培养基等。

4. 实训场所：植物组织培养理实一体化教室。

知识提示

1. 生根培养的意义。

2. 影响试管苗生根的因素。

3. 壮苗培养的方法。
4. 试管苗生根的类型。
5. 生根培养常见问题及解决措施。

任务实施

【我的笔记】

学必求其心得，业必贵其专精

1. 生根培养基配制与灭菌

提前设计方案，确定生根培养基的类型和数量，各组合理分工，准确配制生根培养基并完成灭菌。

2. 接种前器材及用具准备

将培养基、接种工具等放置到接种室，并对接种室及超净工作台进行紫外灭菌 20min。

3. 材料处理

选取达到生根要求的继代增殖培养材料，将待生根的培养材料剪成 2.5~3cm 高，或根据材料特性及生长情况将其直接分离成单株。分离过程中，尽量不损伤小苗。

4. 接种操作

用无菌镊子夹取处理好的材料，迅速转接到新鲜的生根培养基中。接种过程中注意勤换工具，避免交叉污染；材料按极性插直，每瓶接种数量符合要求，均匀分布。

接种后在培养瓶上标记接种材料名称、接种日期及接种人员等信息。

5. 场地清洁

接种完成后，清理干净工作台面及场地，关闭超净工作台。

6. 培养及观察

将培养材料置于培养室，在适宜条件下培养。培养期间定期观察并记录试管苗生根数量、发根情况等，并进行分析和总结。

任务考核

根据表 4–5–1 进行考核评价。

表 4–5–1　生根培养考核评价标准

考核项目	考核内容	考核标准	赋分（分）	得分（分）	评价人
操作技能	生根培养基配制与灭菌	培养基配方适当，配制操作熟练、准确，灭菌方法正确，培养基凝固好	10		
	接种前器材及用具准备	接种用具、瓶苗、培养基准备齐全，接种室、超净工作台灭菌彻底，接种人员消毒符合要求	5		

（续）

考核项目	考核内容	考核标准	赋分（分）	得分（分）	评价人
操作技能	材料处理	接种工具灭菌彻底、程序规范，材料切分合理，分离时不损伤幼苗	20		
	生根接种	接种操作规范、熟练，勤换工具，无交叉污染；每瓶接种数量符合要求，分布均匀；培养瓶上标记信息全面，字迹工整清晰	25		
	场地清洁	整理工作现场，超净工作台面干净、整洁，物品按要求整理归位	10		
	培养及观察	接种后的瓶苗放入培养室，认真观察并记录生根数量、发根情况等，能及时发现问题；记录详细，统计准确无误，分析科学、客观、准确	10		
素质要求	出勤纪律	按时出勤（无迟到或早退），遵章守纪	5		
	学习态度	操作认真，善于动手和思考	5		
	团队协作	分工合理，互相协作	5		
	方法能力	学习方法灵活，操作熟练，能按要求完成任务	5		
合　计					

拓展坊

试管外生根

试管外生根是将试管苗的生根诱导与驯化培养结合在一起，直接将待生根的植物材料扦插到试管外的有菌环境中，一边诱导生根，一边驯化培养，以简化植物组织培养程序，降低生产成本。试管外生根的方法主要有 4 种。

（1）在试管内诱导根源基后扦插

选取生长健壮、长 1~3cm 的试管苗（小芽），转入生根培养基中培养 2~10d，待芽苗基部长出根原基后再取出扦插到营养钵中，一般 5~6d 即可由根原基长出主根、侧根和根毛，形成吸收功能好的完整根系。该方法简便易行，可缩短生产周期，还能显著提高移栽成活率。

（2）生长素处理法

取出无根试管苗，用生长素溶液浸泡 1h 或蘸生根粉后扦插。生长素溶液的浓度一般比生根培养基中的浓度高 10 倍左右。草本植物可用 5mg/L IAA + 1mg/L NAA，木本植物可用 5mg/L IBA + 1mg/L NAA，浸泡 1~2h 后扦插。也可将试管苗迅速放在 1000mg/L 生根粉溶液里蘸一下，然后进行移栽。或者用 20~50mg/L 生根粉溶液浸泡试管苗 12h 后移栽，可大大提高生根率。

（3）盆栽生根法

盆内装泥炭或腐殖土与细河沙，每盆插入 10~30 株无根壮苗，插入深度为 0.3~1.2cm，加入生根营养液，在一定的温度、湿度及光照条件下进行培养，约 20d 即可长出新根，约 30d 后待二级根长至 8~12cm 时移栽，可提高成活率。

（4）智能化苗床生根法

在智能化苗床上培养，通过计算机控制，使智能化苗床的环境与自然环境接近，操作方法简便，出苗率高，成本低，且根系发育好，移植后生长正常，无生长停滞现象。

活动坊

1. 各组分别配制 1L 生根培养基，选择试管苗完成生根培养操作，做好观察和记录。
2. 制作 PPT，对操作过程中应注意的重点问题进行讲解。
3. 展示生根培养成果，并进行总结和评价。

任务 4-6 试管苗驯化移栽

任务坊

任务目标

知识目标

1. 熟悉试管苗生长环境条件及其特点。
2. 掌握试管苗炼苗的方法。
3. 掌握试管苗的移栽和管理技术。

技能目标

1. 能够根据组培苗的特点进行驯化炼苗。
2. 能够进行组培苗移栽。
3. 能够创造合适的条件进行苗期管理，保证组培苗较高的成活率。

素质目标

1. 培养积极主动、认真严谨的工作作风。
2. 培养勤恳踏实、吃苦耐劳的专业精神。

任务描述

试管苗驯化移栽是植物组培快繁的最后一步，也是试管苗能否适应外界环境进行正常生长发育的关键环节。本任务主要进行试管苗炼苗、移栽及管理，使试管苗顺利完成从室内环境向室外环境的转化过渡，确保试管苗的移栽成活率。

任务准备

1. 器材及用具：苗床、穴盘或育苗盘、基质（椰糠、珍珠岩、蛭石、泥炭等）、周转筐、镊子、塑料布、喷雾器、花铲、手套等。
2. 植物材料：待移栽试管苗。
3. 药剂：多菌灵或百菌清等。
4. 实训场所：植物组织培养理实一体化教室。

知识提示

1. 试管苗生长环境。
2. 试管苗特点。
3. 试管苗驯化方法。
4. 试管苗移栽方法。

任务实施

1. 准备工作

确定驯化移栽的试管苗的种类及数量，准备驯化移栽的工具、材料及药剂等。

2. 试管苗驯化

（1）闭瓶炼苗

将培养容器连同试管苗移至驯化室，也可直接放到温室，置于较强光照下培养 7d 左右。

（2）开瓶炼苗

打开瓶口进行光照炼苗，时间 3~7d；开瓶要慢，开口程度每天小幅度增加，由 1/3 到 1/2，最后瓶口全部打开。此操作的目的在于使叶片逐渐形成蜡质，产生表皮毛，降低气孔开张度，逐渐恢复气孔功能，减少水分散失，同时促进新根发生，增强吸收能力。

3. 基质配制和消毒

选择泥炭、珍珠岩或蛭石等保水保肥性好、排水通气性好的基质，按一定比例混合，混合过程中喷洒 0.1% 的多菌灵或百菌清溶液消毒。配制的基质不能太干，以手攥成团、松开不散为宜。

4. 试管苗移栽

试管苗移栽有盘炼和容器移栽两种方法。

（1）盘炼

盘炼指将出瓶的试管苗移栽到育苗盘或穴盘中。具体操作方法为：取出试管苗，放在 20℃左右的温水中，将根部的培养基清洗干净；往育苗盘或穴盘中装填基质，将洗好的试管苗迅速移栽到基质中；淋透水，并喷洒一定剂量的杀菌药剂；放到温室的苗床上并覆盖塑料膜或放置到塑料保温棚中。

（2）容器移栽

容器移栽指将试管苗移栽到塑料营养杯等容器中。具体操作方法为：营养杯中装入基质至 1/4 处，左手轻拿试管苗，右手将苗根均匀分布于营养杯中；左手扶好苗，右手向杯中填入基质；两手捏住杯沿，轻轻地在地上蹾几下营养杯，使苗根与基质贴紧（基质在杯中不可太满，土面距营养杯上沿 1cm 即可，有利于保水）；浇透水，喷洒杀菌药剂，并放在塑料保温棚中。

5. 移栽后管理

移栽 1~2 周内，遮光并保持高湿（湿度 90%~100%），后

【我的笔记】

有志者事竟成

期逐渐降低湿度到70%~80%，增加光照强度，加强通风。温度一般保持在20℃左右，中午温度高时用遮阳网遮光。试管苗驯化移栽要精心管理，并综合考虑各种生态因子的动态变化及相互作用，环境调控及时到位。

6. 观察与记录

定期观察试管苗移栽后的生长情况，做好详细记录，并进行总结和分析。

任务考核

根据表4-6-1进行考核评价。

表4-6-1 试管苗驯化移栽考核评价标准

考核项目	考核内容	考核标准	赋分（分）	得分（分）	评价人
操作技能	准备工作	材料与用具准备齐全，人员分工明确	5		
	试管苗驯化	驯化方法正确，成活率高；操作熟练，符合要求	20		
	基质配制和消毒	基质选择合适，配制比例适当，混合均匀，消毒方法正确、彻底	10		
	试管苗移栽	装填基质方法正确，基质用量适宜；试管苗移栽方法正确	10		
	移栽后管理	创设的环境条件符合要求，管理精细，采取措施及时、合理	15		
	观察与记录	观察认真、及时，记录全面、详尽，出现问题能提出合理措施解决	10		
	场地清洁	整理工作现场，不浪费材料，清洗、整理好工具及培养瓶	10		
素质要求	出勤纪律	按时出勤（无迟到或早退），遵章守纪	5		
	学习态度	勤于动手，善于思考，认真观察，仔细记录	5		
	团队协作	分工合理，互相协作	5		
	方法能力	学习方法灵活，操作熟练，能按要求完成任务	5		
合　计					

拓展坊

提高试管苗移栽成活率的注意事项

要想保证试管苗移栽后获得较高的成活率，除了对其进行驯化和选择合适的移栽基质外，还应注意以下几个方面。

（1）试管苗的生理状况

同一种植物的试管苗，壮苗比弱苗移栽后成活率高，因此应注意培育壮苗。

（2）植物生长调节剂种类及浓度

生长素能促进生根，因此能提高试管苗移栽的成活率。不同的植物有其适宜的生长素种类，如月季以 NAA 诱导生根和提高移栽成活率的效果最好。细胞分裂素一般抑制其根的生长，不利于移栽。

（3）无机盐浓度

降低无机盐浓度对促进植物生根效果好，有利于移栽成功。

（4）光照管理

移栽后，前期适当采取遮阴措施，可降低蒸腾失水，也可避免强日照对叶片的灼伤。

（5）水分管理

刚移栽的试管苗吸水能力弱，除基质要保湿外，还应通过喷雾的方式使植株吸水保湿。

活动坊

1. 每组驯化移栽 20~30 瓶生根试管苗，并做好观察和记录。
2. 各组对操作过程中应注意的问题进行讲解。
3. 展示驯化移栽成果，并进行总结与评价。

模块 3

园艺植物栽植

项目 5　花卉栽植

任务 5-1　花卉地栽

任务坊

任务目标

知识目标

1. 了解整地的意义。
2. 熟悉整地作畦的操作步骤。
3. 掌握移栽与定植的技术方法。

技能目标

1. 能够进行整地作畦、施基肥。
2. 能够进行花卉移栽与定植。

素质目标

1. 树立正确的劳动意识。
2. 培养学农、爱农、务农的情怀。
3. 培养团结、互助、合作的精神。

任务描述

花卉地栽是将当地露地生长的一、二年生花卉，宿根花卉，球根花卉以及木本花卉种子或种苗栽植到花圃或园林绿地中，栽后能在当地自然条件下露地越冬的一种栽植方式。本任务主要进行花卉地栽（包括整地作畦、间苗、移栽与定植），保证栽植成活率。

任务准备

1. 器材及用具：花铲、铁锹、营养钵或双色盆、皮尺、钢卷尺、培养土、肥料、喷壶等。
2. 植物材料：菊花、月季。
3. 实训场所：温室。

知识提示

1. 整地作畦的作用。
2. 移栽与定植技术。

3. 花卉种植技术。

4. 花卉种植后的管理措施。

任务实施

1. 整地作畦

选择光照充足、土壤肥沃平整、灌水方便和排水良好的地块进行整地。整地时间一般在秋季或春季，整地深度依菊花品种及土壤情况而定。整地包括深翻和耙地两个主要环节。整地时要清理地表的石块等杂物，打碎大土块，翻耕深度 40~50cm，并施肥、耙平地面，耙深 4~10cm。根据土壤质地及土壤肥力情况，选择适宜的肥料种类。基肥一般用腐熟的厩肥、骨粉等；若采用化肥作基肥，应考虑与有机肥混施，整地的同时施入土壤中。每亩施入农家肥 3000~5000kg，或尿素 15~25kg、磷肥 30~40kg、钾肥 7~10kg。

在整好地的基础上作畦。北方干旱地区一般作低畦，畦面宽一般不超过 1.6m，畦埂宽 40cm、高 15~20cm，以便于后期进行日常管理。

2. 移栽与定植（以菊花为例）

（1）移栽与定植时间

菊花扦插苗生根后应适时移栽。定植一般在秋末或早春发芽前进行，避开烈日、大风天气，选择阴天或下雨前或晴天傍晚进行。

（2）移栽与定植操作流程

移栽与定植前一天下午或傍晚先给菊苗浇一次透水，可以避免移栽时土壤过干伤及根系或不易带土移栽。同时，土壤过干（或过湿）也不宜操作。

起苗时用花铲将菊花苗带土挖起，然后将根系上附着的土壤轻轻抖落（尽量不要将细根拉断或折伤）。起苗不能一次起得过多，最好边起边栽。

定植株行距根据不同菊花品种后期的生长情况而定，要求以成龄植株冠幅互不挤压为原则，一般为 30~60cm。按设计的株行距用铁锹挖种植穴或定植沟，施入复合肥，将肥、土充分混匀。栽入菊苗，扶正并舒展根系，填土镇压，将床面整平，浇透水。要注意保护菊苗的根，根系不能卷曲或根尖露在土外。要求带土球栽植，保持株行距及花苗整齐度。栽植深度比菊苗原深度稍深。

3. 栽后管理

栽后加强水分管理，光照过强时用遮阳网遮阴，以保证定植成活率。植株成活后，要及时进行中耕，促使幼苗的根系生长。

【我的笔记】

问渠哪得清如许，唯有源头活水来

任务考核

根据表 5-1-1 进行考核评价。

表 5-1-1　花卉地栽考核评价标准

考核项目	考核内容	考核标准	赋分（分）	得分（分）	评价人
操作技能	整地与作畦	整地、作畦方法正确，操作娴熟；肥料种类选择科学，施肥量准确	25		
	移栽与定植	起苗、移栽、定植方法正确，操作娴熟	35		
	栽后管理	管理及时、措施得当，成活率高	15		
	清理场地	及时清场，不浪费材料，爱惜工具	5		
素质要求	出勤纪律	按时出勤（不迟到或早退），遵章守纪	5		
	学习态度	态度端正，积极认真，勇于实践	5		
	团队协作	小组成员团结协作，有集体观念	5		
	方法能力	学习方法灵活，能按时完成任务	5		
合　计					

拓展坊

月季地栽

（1）栽植地选择

选择地势平坦、排水通风良好和向阳的地方进行月季栽植。地块选定后，必须对土壤进行调查和化验，以确定其质地、结构、肥力和酸碱度，再确定是否需要进行土壤改良。

（2）土壤翻耕

翻耕的深度应根据株龄而定，一般情况下栽植幼苗翻耕深度约 10cm，栽植 1~3 年生植株翻耕深度 25~30cm，栽植 3 年生以上植株翻耕深度 50cm 左右。翻耕时应将土块打碎，清除石块、瓦片及杂草等。

（3）施基肥

月季栽植时常用基肥有两种：一种是有机肥，如草木灰、干鸡粪、牛粪和土杂肥等，一般每平方米施肥 0.5~1kg；另一种是无机肥，主要指化肥，如过磷酸钙、碳酸氢铵和复合肥等，一般每平方米施肥 0.4kg 左右。

（4）栽植

①裸根苗栽植　从外地运来的月季裸根苗，因长途运输易产生枝条皱缩或苞芽发黄现象，此时应将苗木浸泡一昼夜，或置于泥土地上，每天浇水两次，夜晚盖上塑料布保温防寒，使其逐渐复苏后再进行栽植。

栽植前要进行修剪，一般每株留 3~5 个枝条，枝条长度控制在 40cm 以内，将多余枝条剪去。苗木主根长度一般保留 30cm，多余部分应剪掉。

按设计的株行距定点放线，在栽植点上挖好栽植穴后，将苗木放入并扶正，使根系比地面低 3~5cm，回土达根颈处。回土时先填表土，用手向上提一提苗，使细土深入土缝中与根系密接，然后踩实；第二次回土略高于地面，踩实；第三次回土时用松土覆盖地表，最后浇足定根水。

②土球苗栽植　按设计的株行距定点放线，在栽植点上挖好栽植穴后，根据苗木大小，先将表土堆在穴中成馒头状，放入苗木，使土球略高于地面。如果土球有包装材料，需将包装材料去除。将苗木扶正，然后回土，当回土达土球高度的 1/2 时，用工具将土球外围夯实，注意不要敲到土球，之后分层回土夯实，直至与地面相平，最上面用心土覆盖（不用夯实），最后浇足定根水。

活动坊

1. 将菊花移栽、定植的操作过程整理成报告。
2. 调查移栽与定植的结果，完成菊花移栽与定植成活率统计表（表 5-1-2）。

表 5-1-2 菊花移栽、定植成活率统计

菊花品种	移栽、定植时间	定植株数	成活株数	成活率（%）	备注

任务 5-2 花卉盆栽

任务坊

任务目标

知识目标

1. 了解常见栽培基质的种类、特点及应用。
2. 熟悉基质处理的方法。
3. 掌握上盆、换盆操作技术要点。

技能目标

1. 能够正确进行基质处理。
2. 能够进行花卉的上盆、换盆。

素质目标

1. 培养干一行、爱一行、钻一行的敬业精神。
2. 增强责任感和职业认同感。

任务描述

盆栽花卉是目前花卉生产栽培的主要产品之一，也是室内花卉装饰的基本材料。本任务主要进行盆栽花卉培养土配制与消毒、上盆，pH 和 EC 值测定及调节，以及上盆后养护管理。

任务准备

1. 器材及用具：泥炭、双色盆、铁锹、手推车、花铲、剪刀、喷壶、手套等。
2. 植物材料：红掌穴盘苗（不同品种）。
3. 试剂：75% 乙醇。
4. 实训场地：温室。

知识提示

1. 盆栽容器的种类、特点。
2. 常见栽培基质的种类、特点。
3. 基质处理方法。
4. 上盆、换盆操作技术要点。
5. 上盆、换盆后的管理。

任务实施

【我的笔记】

志比精金，心如坚石

1. 盆栽红掌的品种选择及年生产量规划

（1）品种选择

花卉品种选择主要考虑4个要素：市场需求、生产地所处地理位置及气候特点、温室设施条件和花卉品种生长习性。目前生产的红掌品种主要有：'火焰'、'特伦萨'、'红国王'、'马都拉'、'大哥大'、'皇冠'、'卡瓦利'、'朱莉'、'白冠军'、'粉冠军'、'红唇'等。

（2）年生产量规划

根据温室有效生产面积（即苗床面积）来确定年生产量。如周年生产17cm盆径的红掌，每平方米每年可出成品15盆。可根据总有效生产面积计算出年产苗量。

2. 基质准备

（1）基质要求

栽培红掌的基质要求保水、保肥能力强，且通透性好，不积水，不含其他杂质和有毒物质，经杀虫灭菌后有稳定的pH，以及能固定植株等。在实际生产中，大多选用进口泥炭。

（2）基质处理

基质必须室内离地放置，使用前必须进行浸泡。浸泡也需要离地操作，首先打开基质包装袋，撬松基质，使水能够顺利进入压紧的基质中；从各个位置向基质内加水，尤其是包装的边缘部位需要额外加水，加至包装袋完全胀起；浸泡30~60min，使基质充分浸透；之后在包装下方开孔，使多余水分流出。浸泡好的基质需要隔夜放置，这时基质松散且内部水分充足，挤压有水分流出。

3. 种苗选择

一般红掌种苗为穴盘苗，选用的种苗是进口的高度为10~15cm的盆栽种苗。

4. 花盆选择

第一次定植苗所用花盆盆径为10~15cm；经3~4个月成苗，进行第二次换盆，可根据不同品种和市场需求，选择17~20cm盆径的塑料花盆。花盆底部要求有完整的排水孔，为植株生长提供良好的透水性。

5. 种植

种植操作前必须佩戴手套或使用75%乙醇对手部进行消毒。

（1）上盆

组培苗上盆有两种方法：一种是在基质中挖孔，直接栽入种苗；另一种是一手拿住小苗，另一手填充基质（注意生长点的位置，调整合理的种植深度）。

（2）换盆

换盆即将小盆苗向大盆进行移栽种植。红掌栽植一般为 2 株苗栽植，有时也有 3 株苗栽植。栽苗时必须使植株的生长点露出基质的水平面，要做到“上不埋心，下不露根”。

注意：基质要保持其自然松散状态，不要揉搓打碎；种植时基质松紧度要适中，不要用力按压基质，将基质填满花盆即可，标准是将花盆倒置，脱盆后基质成型但易松散，保证良好的透水、透气性；种植深度以植株生长点的位置为准，不宜埋得过深或过浅。

6. 种植后管理

上盆后按照“品”字形摆放，刚上盆的植株可以根据植株大小进行摆放，一般是盆挨盆。上盆后立即浇透水，保持土壤湿润，并置于庇荫处养护。缓苗后进行日常的水肥管理、整形修剪、病虫害防治等管理措施。

任务考核

根据表 5-2-1 进行考核评价。

表 5-2-1　花卉的盆栽考核评价标准

考核项目	考核内容	考核标准	赋分（分）	得分（分）	评价人
技能操作	基质准备	基质选择正确、浸泡均匀、湿度适宜	20		
	种苗选择	种苗选择正确	10		
	花盆选择	花盆选择正确	10		
	种植	上盆操作方法正确	15		
		换盆操作方法正确	15		
	种植后管理	上盆后的管理及时、方法正确	5		
	清理场地	及时清场，不浪费材料，爱惜工具	5		
素质要求	出勤纪律	按时出勤（不迟到或早退），遵章守纪	5		
	学习态度	态度端正，积极认真，勇于实践	5		
	团队协作	小组成员团结协作，有集体观念	5		
	方法能力	学习方法灵活，能按时完成任务	5		
合　计					

拓展坊

菊花盆栽

（1）培养土配制

菊花属多年生草本花卉。菊花盆栽时对基质的要求是：疏松透气、保水保肥，营养充足，无病虫等。栽培菊花的适宜培养土为泥炭∶松针土∶珍珠岩 =3∶2∶1，定植时配制加肥培养土，消毒后备用。

（2）上盆

5 月初，穴盘扦插苗株高 12cm 时，应及时上盆至 12cm 双色盆中，放置在露天场地养护，期间注意防止徒长，及时疏盆。7~10d 后可根据需要摘心一次。经过 30d 的生长达到根系满钵状态。

（3）换盆

6 月初由 12cm 双色盆移栽至 15cm 盆中，移栽时培养土中加入微生物肥。如果排水孔较大，装土前在花盆底部排水孔处垫上碎瓦片，上面填一层培养土（填土量是整个花盆容量的 1/5），将植株放入花盆正中间，再填土至离花盆沿口 2~3cm，压实，最后浇透水，将花盆放在遮阴处缓苗。

（4）移栽后管理

移栽后菊花进入旺盛生长期，当盆土干燥时施一次 0.1% 的大量元素水溶性肥 20–20–20–TE，每 7~10d 追施一次，施肥后第二天浇一次透水。花芽分化期停施均衡营养肥，增施 0.1% 的磷酸二氢钾或 0.1% 的大量元素水溶性肥 10–30–20–TE。对于徒长的菊苗喷施矮壮素水剂（16kg 水中加入 10mL 矮壮素），每隔 7d 喷施一次，连续喷 2~3 次。

活动坊

1. 将花卉盆栽操作过程整理成报告。
2. 观赏并评价花卉盆栽作品。

任务 5-3 花卉水培

任务坊

任务目标

知识目标

1. 了解花卉水培的意义。
2. 熟悉花卉水培的操作步骤和技术要点。

技能目标

1. 能够雕刻水仙。
2. 能够独立完成水仙或君子兰的水培。

素质目标

1. 培养崇尚科学的态度。
2. 培养求实创新的精神。

任务描述

水培是花卉常用的培育方法，在生产上广泛应用。水培花卉具有清洁卫生、养护方便、不分淡旺季、受自然环境影响小等优点，特别适合室内摆设，深受消费者喜爱。本任务主要进行花卉水培及水培后管理，培育优质的水培植株。

任务准备

1. 器材及用具：水仙盆、水仙雕刻刀、镊子、剪刀、水桶、脱脂棉、喷壶、试管刷、水晶泥、水晶石、彩石、卵石、陶粒、米石等。
2. 植物材料：30 桩水仙球、君子兰。
3. 试剂：营养液、多菌灵。
4. 实训场所：温室。

知识提示

1. 花卉水培的意义。
2. 花卉水培的操作步骤。
3. 花卉水培的操作技术要点。
4. 水培后管理。

任务实施

1. 鳞茎球挑选

（1）看外形

以外形丰满充实、枯鳞茎皮完整、新生根尚未长出者为好。主鳞茎球扁圆形的比正圆形的花苞多。底部凹陷深而大，说明发育成熟；浅而小的尚不成熟，花苞少甚至无花苞。

（2）观色泽

枯鳞茎皮深褐色、完整、光亮者好。

（3）掂重量

分量重、坚实、有一定弹性的为好；分量较轻、松软无弹性的鳞茎球脱水严重，水养后长势欠佳，花少，花期短、香味淡，甚至出现哑花。

（4）数桩数

市场上常见水仙桩数有 10 桩、20 桩、30 桩、40 桩。

（5）量周径（表 5-3-1）

表 5-3-1　水仙鳞茎球规格

桩数	主鳞茎球周径（cm）	花芽数
10	大于 25	8 个以上
20	24.1~25	6~8 个
30	23.1~24	4~6 个
40	22.1~23	3~4 个

2. 确定雕刻时间

北京地区，白天温度 12~14℃，夜间 2℃，开花前 45d 左右进行雕刻，春节开花。南方地区，春节前 26d 左右雕刻，春节即可开花。主鳞茎球雕刻的时间以主芽长出主鳞茎球 3cm 左右、底部没有新生根为好。如果根已经长出，但粗壮挺拔、洁白、未折断、长度在 1cm 左右，也可以进行雕刻。

3. 雕刻操作

（1）剥鳞茎片（开盖）

水仙雕刻前要先去掉枯根及枯鳞茎皮。剥鳞茎片时左手拿水仙鳞茎球，让弯曲的主芽芽尖对着雕刻者，右手拿雕刻刀，在根部以上 1cm 左右处与底部平行划一条弧线，把刀竖起轻轻垂直切入。注意：一次切入不可过深，以免把叶片、花梗从基部切断，导致雕刻失败。把弧线上部鳞茎片从正面逐层剥去，直到露出叶芽为止。将 1~3 层鳞茎片下出现的无花苞

【我的笔记】

借水开花自一奇，水沉为骨玉为肌

叶芽及时切除，并将主芽两侧出现的梭形鳞瓣（两端尖、中间宽，既无叶片，又无花苞）及时挖掉。注意：保护好从鳞茎左、右两侧伸到前面的叶芽，其内常有花苞。

（2）削叶苞片

用雕刻刀把叶芽两侧的鳞茎片从基部向上去除 1/2 左右，使叶芽前部及左、右两侧都露出来，然后把所有叶芽的叶苞片刻去 2/3，露出叶片。注意：叶芽后面的鳞茎片和叶苞片应留下作为后壁。操作时，心要细，手要稳，用力不可过猛，切勿碰到叶芽内的花苞。

（3）削叶缘

用雕刻刀把叶缘从上向下削去 1/5~2/5 不等，削的深度和长度根据造型需要而定。注意：削叶缘时不要把花苞碰坏，以免造成哑花。

（4）削花梗

在花梗基部以上 0.5~1cm 处向下削盾形薄片，深度 0.5~1mm（想让花梗向哪侧弯曲，就削花梗哪侧）。注意：削花梗的不同位置，轻重要有所变化。

（5）子球处理

子球去留及是否雕刻要根据造型需要而定。

4. 水养

（1）浸泡与清洗

将雕刻好的水仙鳞茎球浸泡到水中，每隔 8h 换一次水。一般浸泡 2~3d，直至水仙鳞茎球黏液完全流出并清洗干净。

（2）盖棉与上盆

将经催芽处理的水仙鳞茎球直立放入浅盆中，加水以淹没鳞茎球 1/3 为宜。伤口处可用脱脂棉覆盖，盆中可用石英砂、鹅卵石等将鳞茎球固定。

（3）水分管理

水深以浸没鳞茎盘为宜；水质要求洁净，自来水要求放置两三天后再用。刚上盆时，可每天换一次水，半个月后隔天换水，换水时注意不要移动鳞茎的方向，以保护根系。花苞形成后，每周换一次水。晚上移入室内，并将盆内的水倒掉，以控制叶片徒长。次日清晨再加入清水，白天经常向叶面喷水以增加周围的空气湿度。

（4）温度管理

水仙生长适温为 10~18℃，温度过高会出现哑花。花期适当降低温度可延迟开花。冬季室外水养时，最低温度不低于 4℃。如果想推迟花期，可采取降低水温的方法。如果春节前

10d 看不到饱满花苞，可采用给水加温的方法催花。

（5）光照管理

水仙是短日照植物，每天只要有 10h 的光照就可以正常生长发育。水仙水养期间，要给予充足的光照，白天要放在向阳处，夜间可放在灯光下。这样可防止茎叶徒长，使叶短、宽厚，叶色浓绿，植株茁壮，花开香浓。依据水仙造型需要调节光照方向。如笔架水仙，花前每天变换一次光照方向，使叶片挺拔，开花时则不能再变方向。

（6）养分管理

水养水仙一般不需要施肥，如果有条件，在开花期间稍施营养液或速效磷肥，花可开得更好。

（7）病虫害防治

水仙水培常见病害为鳞茎基腐病，鳞茎受害后呈现深褐色腐烂，严重时整个鳞茎腐烂。防治方法为：种植前用 25% 的多菌灵 500 倍液将鳞茎浸泡 15~30min，已发病的用多菌灵 800 倍液浇灌根部。

任务考核

根据表 5-3-2 进行考核评价。

表 5-3-2　花卉水培考核评价标准

考核项目	考核内容	考核标准	赋分（分）	得分（分）	评价人
操作技能	鳞茎球挑选	外形、色泽、重量、桩数、周径等符合要求	20		
	确定雕刻时间	雕刻时间合理	5		
	雕刻操作	按程序操作，操作娴熟	30		
	水养	技术熟练，水养效果好	20		
	清理场地	及时清场，不浪费材料，爱惜工具	5		
素质要求	出勤纪律	按时出勤（不迟到或早退），遵章守纪	5		
	学习态度	态度端正，积极认真，勇于实践	5		
	团队协作	小组成员团结协作，有集体观念	5		
	方法能力	学习方法灵活，能按时完成任务	5		
合　计					

拓展坊

君子兰水培

君子兰水培属于无土栽培中的非固体介质型静止水培。一般选择健康的 3 年生大花君子兰植株，在智能温室进行水培。

（1）植株去根

将君子兰植株的根部用清水洗净后，剪去植株原有根系长度的 1/2~2/3，保留根长为 3~5cm。

（2）催根

把去根的君子兰植株用浓度为 0.50mg/L 的萘乙酸进行蘸根处理，或浓度为 0.02mg/L 的生根粉溶液浸根 1h，然后放入珍珠岩中生根。在生根过程中要经常观察并记录生根情况。

（3）水培

当植株生根长度达到 1~2cm 时，将植株清洗干净，放入水培箱中水培。水培介质为一定浓度的营养液，营养液配方选用日本园式配方。在水培过程中要定期更换营养液，第一个月每周更换一次，1 个月以后每半个月更换一次。同时，在每个水培箱中要有增氧设备，每天定时增氧。水培时注意光照，为了让叶片受光均匀，应定期调整水培箱的方向。期间要观察并记录植株的叶片及根系生长状况，统计活力根数量及最长根的根长。

（4）上盆

当君子兰水培植株生根长度达到 10cm 时，将植株放入水培花盆中。

活动坊

1. 购买水仙鳞茎球时，如何挑选优质水仙鳞茎球？
2. 将水仙雕刻操作过程制作 PPT 并附图片。
3. 水养水仙。

项目 6　蔬菜和果树栽植

任务 6-1　叶菜类蔬菜露地栽植

任务坊

任务目标

知识目标

1. 了解畦的类型及整地作畦的要求。
2. 掌握叶菜类蔬菜的露地移栽、定植及田间管理技术。

技能目标

能够独立进行叶菜类蔬菜露地栽植。

素质目标

1. 培养主动实践、积极上进的精神。
2. 培养开拓创新、崇尚科学的精神。

任务描述

叶菜类蔬菜适应性广、生长期短、采收期灵活。本任务主要以紫背天葵为例，进行叶菜类蔬菜露地栽植（包括整地作畦、定植和田间管理），保证栽植的成活率。

任务准备

1. 器材及用具：大田土、泥炭、细河沙、珍珠岩、蛭石、穴盘、育苗盘、营养钵、铁锹、移植铲、喷壶、有机肥。
2. 植物材料：紫背大葵等。
3. 药剂：杀菌剂。
4. 实训场所：温室。

知识提示

1. 紫背天葵的生物学特征。
2. 整地定植的方法。
3. 田间管理技术。
4. 采收。

任务实施

1. 整地作畦

选择土层深厚、肥沃疏松的砂壤土地块，深翻 40cm，整细耙平，然后做成宽 1.2m 的平畦。结合精细整地撒施基肥。基肥以有机肥为主，每亩施入有机肥 3000kg。

【我的笔记】

删繁就简三秋树，领异标新二月花

2. 定植

紫背天葵喜温耐热，一般于当地断霜后 7d 定植于露地。定植选择晴天的上午进行。在畦上按株行距 30cm × 30cm 开穴，将已成活的扦插苗或自根苗栽入穴内，每穴一株，浇足定植水，待水渗下后封堰。

3. 田间管理

缓苗后及时中耕除草，可促进根系发育。生长期间保持畦面湿润，不可过干或过湿。紫背天葵生长势强，采收期长，在施足底肥的基础上，采收期间还应少量多次追肥。通常每次采收后每亩结合灌水追施尿素 10kg。紫背天葵病虫害较少，只需注意防治蚜虫，以减少病毒病的传播。早期发现病株要及时拔除，采收时更应注意，防止接触传播。采收前一周停止用药。

4. 采收

紫背天葵定植 20d 后即可采收，采收标准为嫩梢长 10~15cm。第一次采收时基部应留 2~3 节叶片，使其叶腋处继续萌发出新的嫩梢。第二次采收时基部留 1~2 节叶片。在适宜环境条件下每 10~15d 可采收一次，采收次数越多，植株的分枝越旺盛，如果不及时采收，反而不利于其生长。

任务考核

根据表 6-1-1 进行考核评价。

表 6-1-1　叶菜类蔬菜露地栽植考核评价标准

考核项目	考核内容	考核标准	赋分（分）	得分（分）	评价人
操作技能	整地作畦	能够根据栽培地区和栽培茬次选择适宜的品种	10		
	定植	操作规范、步骤合理，定植时期适宜，株行距正确，定植深度适宜	20		
	田间管理	水肥管理时机正确，操作规范	20		
	采收	采收时期、方法正确	10		
	成活率、生长状况	成活率 80% 以上，生长健壮	20		
素质要求	出勤纪律	按时出勤（不迟到或早退），遵章守纪	5		
	学习态度	态度端正，积极认真，勇于实践	5		
	团队协作	小组成员团结协作，有集体观念	5		
	方法能力	学习方法灵活，能按时完成任务	5		
合　计					

拓展坊

落葵露地栽植技术

（1）整地施肥

选择排灌方便、土层深厚、pH 4.8~7.0、疏松肥沃的砂质壤土，播种前每亩施入有机肥 3000kg、过磷酸钙 20kg，耕翻入土，耕细整平。春季作平畦，夏季作小高畦，防止雨涝。

（2）播种育苗

露地栽培多采用直播方式。以采收嫩梢或幼苗为主的不搭架栽培，可撒播或条播。撒播每亩用种量 7~8kg ；条播的行距 20~30cm，每亩用种量 5kg。上述两种方法每亩保苗 3 万株。以采收嫩叶为主的架式栽培，采用穴播法，行距 40cm，穴距 30~35cm。每穴播 4~5 粒，每亩用种量 5kg 左右。不论采用哪种方法，播种前均应浇足水，播种后覆土 2~3cm。

春播的可覆盖塑料薄膜以提高地温，夏、秋季播种用草帘或遮阳网遮阴，以利于种子出苗。干旱时及时浇水。幼苗长出 2 片真叶时进行疏苗，长出 4 片真叶时即可定苗，株距 20cm 左右。以兼收幼苗食用的，长出 5~6 片真叶时即可间拔上市。

春季可用设施进行育苗。苗床施适量腐熟的有机肥，浅翻，作平畦。播前灌水，水渗下后撒种，覆土 1cm。也可将已催芽的种子直接播于营养钵中，每钵 4 粒。苗床保持白天 25~30℃，夜间 15~20℃。定植前 7~10d，逐渐撤除塑料薄膜进行通风，最后转为露地栽培，以提高适应能力。苗龄 30d，4~5 叶时即可定植。于当地晚霜过后定植于露地。以采食叶片为主进行搭架栽培时，穴行距为（30~40）cm×（40~60）cm，每穴 1~5 株；以采食嫩梢为主进行不搭架栽培时，穴行距为（15~20）cm×（30~40）cm，每穴 1~3 株。

（3）田间管理

①中耕松土　缓苗或定苗后，在上架及每次采收以后一般都应进行中耕除草，并适当向植株基部培土。

②肥水管理　出苗后，要保持土壤湿润。落葵是多次收获茎叶的蔬菜，应在采收后每亩及时追施 500kg 腐熟的人粪尿或 17kg 左右硫酸铵，以利于新梢发生，促进叶片肥大。

③植株调整　一般在植株高 30cm 左右时支架引蔓，支架的形式以直立棚架为好。通过支架引蔓，使植株合理分布，增加受光面积和空间利用率，提高产量和产品质量。根据落葵采摘部位的不同，可在生长期间采用两种不同的整枝方法。

采收嫩梢　在株高 33~35cm 时，留下部 3~4 片叶收割嫩梢；选留 2 个强壮侧芽，其余抹掉；收割两茬后，选留 2~4 个强壮侧芽，其余抹掉。在旺盛生长期，可选留 6~8 个强壮侧芽。在生长的中后期应尽早抹掉花蕾，减少营养消耗，促进茎叶生长，以利于提高产量和质量。

采收嫩叶　选留一条主蔓为骨干蔓，当骨干蔓长到架顶时摘心，再从骨干蔓基部选留强壮侧芽形成的侧蔓。原骨干蔓采收结束后要在紧贴新蔓处剪去。收获后期，可根据植株的生长势减少骨干蔓数量。这种管理方法，植株单叶数少，但单叶重量大，叶片肥厚柔嫩，品质好，总产量高，商品价值高。应及时摘除花蕾和腋芽，防止生长中心转移，这是植株调整的关键技术，也是高产稳产的主要措施之一。

（4）采收

采收幼苗供食用的，播种后 40~50d 即可选大苗间拔上市。采收嫩梢供食用的，在株高 30cm 左右时即可留 3~4 片叶采收，采收长度以 16cm 左右为宜，7~10d 后可再次采收，一般可连续采收 3~5 次。采收嫩叶供食用的，在生长前期每 15~20d 可采摘一次，中期 10~15d 采摘一次，后期 7~10d 采摘一次。春播的可连续采摘 120d 之久，但必须摘除花蕾。

活动坊

1. 分组讨论，制订紫背天葵栽培方案。
2. 分组实施紫背天葵栽培方案，实施过程中教师进行指导。
3. 每组选派一名成员讲解紫背天葵实施方案及注意事项。
4. 成果展示。

任务 6-2　果树露地栽植

任务坊

任务目标

知识目标

1. 了解果树的露地栽植时间。
2. 掌握果树的露地栽植方法。
3. 掌握果树的栽植后管理技术。

技能目标

1. 能够制订工作计划。
2. 能够进行果树露地栽植。
3. 能够根据果树品种确定栽植密度。
4. 能够自学，查找资料。

素质目标

1. 培养忠于职守的职业精神。
2. 培养专精一行的职业素养。

任务描述

科学栽植是果树生产与管理的前提，关系到产量与经济效益。本任务主要进行果树露地栽植 [包括栽植前苗木处理、测定植点、挖穴（沟）备肥、定植及栽植后管理]，保证栽植的成活率。

任务准备

1. 器材及用具：标杆、卷尺、石灰、有机肥、修枝剪、手锯、锄头、铁锹等。
2. 植物材料：欧李苗。
3. 实训场所：苗圃地。

知识提示

1. 果树根系的生物学特征。
2. 肥料的分类。
3. 种植技术及种植后管理。

任务实施

【我的笔记】

士不可以不弘毅，任重而道远

1. 栽植前苗木处理

要选择壮苗栽植。栽植前要对苗木进行修剪，剪去苗木损伤、腐烂、病虫、不充实部分以及过长的根系和枝梢。之后用清水浸泡根系 12~24h。栽植前用生根粉或保水剂蘸根，以提高成活率。

2. 设定植点

在种植区 4 个角上定点，每个角上插标杆做标记。根据欧李栽培要求的株距，在测绳上做好标记。将标记好的测绳以行距为单位沿两边平行移动。每移动一次，用石灰在地面上做好标记，依次定点（线）。

3. 挖穴（沟）、备肥

欧李栽培穴（沟）的规格：平地为长、宽、深各 1m（株距小于 1m 时挖成沟）；山地栽植时，宜挖大穴。挖穴时要将表土和心土分层堆放，在每穴表土旁准备 20~50kg 农家肥和 30~50kg 秸秆（或杂草）。

4. 定植

栽植欧李苗要求做到根舒、栽直、压实和深浅适度。将经过清水浸泡、蘸生根粉或保水剂的欧李苗放入穴中，一人扶正欧李苗，另一人分层回填表土和心土。首先将表土与碎秸秆（或杂草）的混合物填至栽植穴下部 1/3 深度处，然后回填表土与农家肥的混合物（可加入适量磷肥、尿素或复合肥），填至栽植穴中部成丘状。填土时，边填边微微向上轻提树干，使欧李苗根系舒展。栽植要深浅适度，保证树干直立，回填过程要压实土壤。立即灌一次透水，灌水量的多少以土壤下沉后接口与地面平齐为宜。灌溉水入渗土壤后，先将少量干土撒于欧李苗的树盘，使树盘中央略低于周边。再将 $1m^2$ 的地膜用剪刀在中央切开一个口，穿过欧李苗干覆盖树盘，并用土将地膜周边压好。这样既能保墒，又能提高早春的地温，促进根系生长。

任务考核

根据表 6-2-1 进行考核评价。

表 6-2-1　果树露地栽植考核评价标准

考核项目	考核内容	考核标准	赋分（分）	得分（分）	评价人
操作技能	栽植前苗木处理	根系修剪、浸泡及蘸根符合要求	10		
	设定植点	定点方法正确，定植点整齐	15		
	挖穴（沟）、备肥	种植穴的规格符合要求，排列整齐	15		
	定植	定植方法正确、操作规范，分层回填表土和心土；灌水量符合要求，覆地膜方法正确	35		
	清理场地	及时清场，不浪费材料，爱惜工具	5		
素质要求	出勤纪律	按时出勤（不迟到或早退），遵章守纪	5		
	学习态度	态度端正，积极认真，勇于实践	5		
	团队协作	小组成员团结协作，有集体观念	5		
	方法能力	学习方法灵活，能按时完成任务	5		
合　计					

拓展坊

果树定植后管理

（1）定干

苗木栽植后至萌芽前要进行定干，定干高度根据树形而定，定干后剪口下 25cm 以内应有 8~10 个饱满芽，以便以后整形。

（2）套袋

在干旱、多风地区，为了防止苗干抽干或降低萌芽率，定干后应在苗干上套一个细长的塑料袋，待萌芽后再解开，逐步除掉。

（3）检查成活情况、补栽

萌芽后检查成活情况，发现死亡的苗木要及时补栽。

（4）灌水、追肥

萌芽后要根据土壤墒情适时灌水。当幼树的新梢长 15~20cm 时，每株施尿素 50g；第一次追肥后 20~30d，每株再追施尿素 50g；7 月中下旬，每株施复合肥 80~100g。每次追肥均应结合灌水。除土壤追肥外，还可结合喷药进行叶面喷肥，生长前期喷 0.3% 的尿素溶液，7 月下旬以后喷 0.3%~0.5% 的磷酸二氢钾溶液或交替喷施光合微肥、腐殖酸叶面肥等。

（5）夏季修剪

萌芽后，要把整形带以下的萌芽全部抹掉。以后根据树形要求及时进行摘心、捋枝、拉枝等，不断调控枝条生长。

（6）病虫害防治

主要防治金龟子、蚜虫、红蜘蛛、卷叶虫及早期落叶病。

活动坊

1. 画出欧李苗木的定点（定线）图（根据栽植密度计算出定点位置）。
2. 定植一定数量欧李苗木。
3. 完成欧李苗木定植过程的评价。

任务 6-3 日光温室冬春茬蔬菜栽植

任务坊

任务目标

知识目标

1. 熟悉日光温室冬春茬蔬菜定植的步骤。
2. 掌握日光温室冬春茬蔬菜整地定植的技术要点。

技能目标

1. 能够进行温室消毒。
2. 能够独立进行日光温室冬春茬蔬菜整地及定植。

素质目标

1. 培养家国情怀。
2. 培养敬业、乐业的精神。

任务描述

番茄冬春茬是番茄栽培中技术难度最大、经济效益最高的茬次。本任务主要进行日光温室冬春茬番茄栽植（包括温室消毒、整地作畦、施基肥、定植和定植后管理），保证栽植的成活率。

任务准备

1. 器材及用具：铁锹、耙子、移植铲、喷壶、有机肥、化肥等。
2. 植物材料：番茄幼苗。
3. 药剂：杀菌剂。
4. 实训场所：温室。

知识提示

1. 整地作畦的要求和作用。
2. 定植时期的选择。
3. 定植方法和步骤。
4. 定植后的管理。

任务实施

1. 温室消毒

整地前 7~10d，对温室土壤和空间进行消毒。常采用福尔马林熏蒸消毒的方法，用 1%~2% 福尔马林溶液均匀喷洒后，密闭 7d 左右。整地前 1~2d，打开通风口通风。

2. 整地作畦、施基肥

日光温室冬春茬番茄生育期较长，施足基肥是番茄高产的基础。定植前一周整地，深翻（深度 40cm），施基肥，每亩撒施优质农家肥 6000~8000kg，使肥、土混合均匀，耙平。日光温室冬春茬番茄采用南北行向、大小行地膜覆盖栽培，按行距 1.1m 开施肥沟，每亩再沟施农家肥 5000kg、磷酸二铵 20kg、硫酸钾 15kg（或草木灰 100kg），并逐沟灌水造底墒。水渗下后在施肥沟上方作 80cm 宽、15cm 高的小高畦。

3. 定植

（1）定植时间

番茄幼苗具 8~9 片叶、株高 25cm 左右、第一花序现大蕾时，即可定植。定植时选择阳光充足的晴天上午进行，以利于缓苗。

（2）起苗

定植前一天给番茄穴盘苗浇水，以利于起苗。起苗时用木棍将幼苗轻轻起出，尽量避免散坨。起苗后如果不能立即栽苗，需用湿布包裹保湿。

（3）定植方法

定植时，在小高畦上按行距 50cm 开两条定植沟，按 33cm 株距摆苗（南侧株距适当缩小，北侧株距适当加大），每亩可定植 3700~4000 株。幼苗在沟中要摆成一条线，高矮一致。先培少量土稳坨，浇定植水，水渗下后合垄。定植的深度以达到第一真叶下方为宜。两行中间开浅沟作为膜下灌水的暗沟，沟的深浅和宽窄要一致。定植完毕用小木板把垄台刮平，再覆地膜。在每株秧苗处沿纵向开口，把幼苗引出膜外。

4. 定植后管理

定植后闭棚升温，在高温、高湿条件下促进缓苗。中午温度超过 30℃时可放下部分草苫遮阳降温。缓苗后，日温控制为 20~25℃，夜温控制为 13~17℃，以控制营养生长，促进花芽的分化和发育。

【我的笔记】

冀以尘雾之微补益山海，荧烛末光增辉日月

任务考核

根据表 6-3-1 进行考核评价。

表 6-3-1 日光温室冬春茬番茄栽植考核评价标准

考核项目	考核内容	考核标准	赋分（分）	得分（分）	评价人
操作技能	温室消毒	消毒方法正确，消毒操作规范	5		
	整地作畦	整地作畦操作规范	20		
	施肥	施肥方式、施肥量正确	10		
	定植	操作规范、步骤合理，定植时期适宜，株行距正确，定植深度适宜	20		
	定植后管理	管理及时，措施得当	5		
	成活率、生长状况	定植后成活率高，生长健壮，整齐一致，无病虫害	20		
素质要求	出勤纪律	按时出勤（不迟到或早退），遵章守纪	5		
	学习态度	态度端正，积极认真，勇于实践	5		
	团队协作	小组成员团结协作，有集体观念	5		
	方法能力	学习方法灵活，能按时完成任务	5		
合　计					

拓展坊

日光温室早春茬水果（西瓜）栽植

（1）整地施肥

生产中设施西瓜栽培多采用嫁接育苗，以预防西瓜枯萎病的发生。嫁接换根的西瓜植株根系更为发达，定植前土壤应深翻（深度 40cm），有利于根系充分生长。按 1.5m 行距开深度、宽度均为 40cm 的施肥沟，表层 20cm 的土放在一侧，底层 20cm 的土放在另一侧。每亩施优质农家肥 2000kg、鸡粪 500kg、过磷酸钙 30kg，分层施入沟中，第一层施完后把沟底刨松，撒一层表土，再施第二层肥，表土填完再分层填入底土。分层施肥时下层少施，上层多施。最后逐沟灌水造底墒，保证定植后水分充足。几天后表土见干，按大行距 100cm、小行距 50cm 起垄，垄上覆地膜。

（2）定植

①定植时间　西瓜定植要求 10cm 土温稳定在 14℃以上，凌晨气温不低于 10℃，且遇到寒流强降温时短时间最低气温保持 5℃以上才能定植。定植宜在晴天的上午进行。

②定植方法　在垄台中央按 45~50cm 株距用打孔器或移植铲挖定植穴。选大小一致的秧苗，脱下容器后放入穴中，埋一部分土，浇足定植水，水量以不溢出穴外为准。水渗下后封堰，重新把地膜盖严，用湿土盖上地膜开口。采取双蔓整枝方式，每亩栽苗 1300~1500 株；采用单蔓整枝方式，每亩可栽苗 1800~2000 株。

（3）定植后管理

缓苗期间，外界温度仍然很低，有时还会出现灾害性天气，因此应以保温为主，在高温、高湿条件下促进缓苗。定植后密闭不放风，遇寒流天气，凌晨最低气温不能保持在 10℃以上时，可扣小拱棚保温。缓苗后从温室顶部放风，逐渐把温度降到 22~25℃，夜间最好保持在 15℃左右。

活动坊

1. 分组讨论，制订日光温室冬春茬番茄栽植方案。
2. 分组实施日光温室冬春茬番茄栽植方案，实施过程中教师进行指导。
3. 每组选派一名成员讲解日光温室冬春茬番茄栽植实施方案及注意事项。
4. 成果展示。

任务 6-4 特种蔬菜无土栽植

任务坊

任务目标

知识目标

1. 了解种芽菜的生产原理和基本过程。
2. 掌握种芽菜室内无土栽培的技术要点。

技能目标

能够独立进行种芽菜栽培。

素质目标

1. 培养勤于学习、独立思考的学习习惯。
2. 培养积极进取、团结合作的精神。

任务描述

种芽菜以其幼嫩组织供食用，质地柔嫩，风味独特，营养价值极高，深受人们的喜爱。本任务主要进行种芽菜生产（包括品种选择、种子清选与浸种、播种、催芽、产品形成期管理、采收），培育优质种芽菜。

任务准备

1. 器材及用具：育苗盘（62cm×24cm×4cm）、黑色薄膜、新闻纸、纱布、喷雾器、温度计。

2. 植物材料：豌豆或红小豆种子若干。

3. 实训场所：温室、催芽室。

知识提示

1. 芽苗菜的类型。
2. 种芽菜无土栽培的技术要点。
3. 种芽菜无土栽培的注意事项。
4. 豌豆芽苗栽培的步骤。

任务实施

1. 品种选择

可选用青豌豆、花豌豆、灰豌豆、褐豌豆、麻豌豆等粮用豌豆，要求种子净度高、发芽率高、籽粒饱满、无污染、无霉烂。

2. 种子清选与浸种

播种前要先进行种子清选，剔除虫蛀、残破、畸形、发

【我的笔记】

万人操弓，共射一招，招无不中

霉、瘪粒、特小粒和已发过芽的种子，然后用20~30℃的清水将种子淘洗2~3次。常温下浸种，水量为种子体积的2~3倍，浸种时间为18~24h。浸种后将种子再淘洗2~3次，捞出种子，沥去多余水分即可播种。

3. 播种

将育苗盘洗刷干净，并用石灰水或漂白粉溶液消毒，再用清水冲净，在盘内铺一层湿润的纸张，即可播种。将浸种后的种子播入育苗盘，每盘播种量为350~450g。播种时要求撒播均匀，以保证芽苗生长整齐。

4. 催芽

播种后浇足水，将育苗盘摞起叠放于栽培架上，并在摞盘上、下覆或垫保湿盘（在苗盘内铺两层湿润的新闻纸）进行催芽。注意育苗盘叠摞和摆放时的高度不得超过100cm，每摞之间要间隔2~3cm，以免过分郁闭，通气不良而造成出苗不齐。每摞育苗盘上面还要覆盖湿麻袋片、黑色薄膜或双层遮阳网。催芽室内温度应保持在20~25℃，空气相对湿度80%。催芽期间每天应用小喷壶喷水一次，水量不要过大，以免发生烂芽，在喷水的同时应进行一次倒盘，即调换苗盘上下、前后的位置。在正常条件下，2~3d即可出盘，此时豌豆苗高1.5~2.0cm。出盘不宜过迟，以免倒伏，降低产量。

5. 产品形成期管理

刚出盘的幼苗要在弱光区过渡1d。在芽苗上市前2~3d，育苗盘应放置在光照较强的区域，促使下胚轴或茎秆粗壮，子叶和真叶进一步肥大，颜色转为浓绿。室内夜温不应低于16℃，白天温度不高于25℃。光照强度控制在2000~3000lx。光照过弱，易引起下胚轴或茎叶柔弱，并导致倒伏、腐烂；光照过强，芽苗纤维含量提高，品质下降。芽苗适宜的空气湿度为80%左右。每天至少通风换气1~2次。频繁喷水，冬季每天喷淋2~3次，夏季每天喷淋4次。喷水要均匀，先浇上层，然后依次浇下层，浇水量以喷淋后育苗盘下方不大量滴水为度。

6. 采收

一般播种后经8~9d即可收获，收获时苗高10~12cm，顶部小叶已展开，无烂根、烂脖（茎基），无异味，茎端7~8cm柔嫩无纤维化。切割梢部7~9cm，每盘可产350~500g。用透明塑料盒或封口保鲜袋包装，也可整盘活体销售。

任务考核

根据表 6-4-1 进行考核评价。

表 6-4-1　种芽菜无土栽培考核评价标准

考核项目	考核内容	考核标准	赋分（分）	得分（分）	评价人
操作技能	品种选择	品种适宜，种子饱满、发芽率高	5		
	种子清选与浸种	认真清选种子，浸种操作规范	10		
	播种	育苗盘清洗干净，盘内铺有保湿纸张，播种均匀	10		
	催芽	催芽室环境条件适宜，催芽操作规范，出苗率达 90% 以上	20		
	产品形成期管理	管理及时、措施得当，芽苗生长健壮	20		
	采收	芽苗生长整齐一致，无倒伏，无霉烂，无异味，苗高达到采收标准。采收方法规范	10		
	清理场地	及时清场，不浪费材料，爱惜工具	5		
素质要求	出勤纪律	按时出勤（不迟到或早退），遵章守纪	5		
	学习态度	态度端正，积极认真，勇于实践	5		
	团队协作	小组成员团结协作，有集体观念	5		
	方法能力	学习方法灵活，能按时完成任务	5		
合　计					

拓展坊

萝卜芽菜土壤栽培

（1）品种选择

我国培育萝卜芽菜尚无专用品种，通常选用籽粒饱满、发芽率高的普通萝卜品种种子来进行生产。日本等国家因人们喜食萝卜芽菜，生产面积大，需种量多，已培育出专用品种，如‘福叶 40 日’、‘理想 40 日’等。

（2）播种

萝卜芽菜生产周期较短，利用露地和日光温室等设施可随时播种，长期供应。播种时宜选择通气性良好的肥沃砂质土壤，不宜连作。前茬作物收获后，清除田间枯枝残叶、根茬，然后翻耕，整平地块，作宽 1.0~1.5m 的平畦。播种前先浇足底墒水，水渗下后在畦表面撒一层过筛细土，再均匀撒播种子，播后覆细土把种子盖严。播种量要视季节而定，凉爽季节宜密，高温炎热季节宜稀，每平方米播种量 0.25~0.5kg。

（3）田间管理

萝卜籽发芽及幼苗生长的适宜气温为 10~30℃，以 25℃为最好。可据此在不同季节、不同栽培方式中人为控制温度，以满足发芽和生长的温度要求。萝卜芽菜主要靠种子自身储备的营养生长，不需追肥，只需保持土壤湿润，视天气情况浇水。晚春、夏季、早秋时，气温高，蒸发量大，每天早、晚需浇水；早春、晚秋、冬季，气温较低，蒸发量小，可视苗情适当喷洒。

（4）收获

萝卜芽菜从播种至收获一般只需 7~10d，最多不超过 15d。在这段时间内，苗高 15~20cm 时，产量高、品质好，为最佳收获时期。若根色白嫩，可晚收 1~2d。一旦发现有部分苗的叶片上有麻点，或拔出芽苗的根呈黄色，是发生腐烂的前兆，应马上收获。

活动坊

1. 分组讨论，制订豌豆苗无土栽培实施方案。
2. 分组实施豌豆苗无土栽培实施方案，实施过程中教师进行指导。
3. 每组选派一名成员讲解豌豆苗无土栽培实施方案及注意事项。
4. 成果展示。

任务 6-5 特种水果无土栽植

任务坊

任务目标

知识目标

1. 了解草莓品种。
2. 掌握草莓生物学特征。
3. 熟悉容器、基质的种类及特点。
4. 掌握培养液母液的配置方法。
5. 掌握草莓无土栽培管理方法。

技能目标

1. 能够独立配制培养液母液。
2. 能够独立完成草莓无土栽培。
3. 能够进行草莓无土栽培管理。

素质目标

1. 培养奉献社会的精神。
2. 培养与人交往、勇于表达的能力。

任务描述

无土栽培是草莓的种植模式之一，在生产上广泛应用。无土栽植中培养液成分易于控制，可随时调节，同时节水、省肥、高产，清洁卫生、无污染，可避免连作障碍等。本任务主要进行特种水果无土栽植的培养液母液配制、定植及植株管理，保证培育优质植株。

任务准备

1. 器材及用具：天平、花铲、喷壶、清洗干净的碎石或蛭石、各种容器。
2. 植物材料：草莓幼苗。
3. 试剂：硝酸钙、硝酸钾、磷酸铵、硫酸镁、三氯化铁、硼酸、氯化锰、培养液原液。
4. 实训场所：温室。

知识提示

1. 草莓的品种和营养价值。
2. 草莓形态特征及生长习性。
3. 花器、基质的种类及特点。
4. 草莓栽植技术。
5. 草莓种植后管理。

任务实施

1. 培养液母液配制

由于钙离子会与硫酸根离子结合形成硫酸钙沉淀，所以二者要分开配制。微量元素用量较小，也需要分开配制。因此，需要配置 A、B、C 3 种母液。

A 母液配制：用天平称取 236mg 硝酸钙和 303mg 硝酸钾，用适量水溶解后定容到 1L 容量瓶中。

B 母液配制：用天平称取 57mg 磷酸铵、123mg 硫酸镁和 500mg 三氯化铁，用适量水溶解后定容到 1L 容量瓶中。

C 母液配制：用天平称取 12mg 硼酸和 7.2mg 氯化锰，用适量水溶解后定容到 100mL 容量瓶中。

2. 定植

选择无病虫害、植株矮壮、具 4~5 片叶、顶芽饱满的草莓壮苗，洗净根上泥土后，定植在无土花盆的上盆中，用碎石子或蛭石作固着物。下盆中盛清水，待长出新根后（1 周左右）将清水倒掉，换上培养液。

3. 日常管理

（1）及时补充培养液

每周补充培养液 1~2 次，每次 50~100mL。进入 4 月以后，气温升高，蒸发快，同时正当开花、结果盛期，需肥量大，每 2~3d 补充培养液一次，并要增加培养液的浓度。一般开花前培养液浓度是原液与水的比例为 1∶9，开花后培养液浓度是原液与水的比例为 1.7∶8.3。培养液 pH 在 6.5~7 最为适宜。

（2）喷水

4 月前隔天上午喷水一次，4 月开始每天喷水一次，保持相对湿度 70%~80%。

（3）光照

自然光照，但不宜太阳光直射，以免培养液温度过高造成根坏死。

（4）及时摘除老叶和匍匐茎

当发现植株下部的叶片呈水平着生、开始发黄，叶柄基部也开始变色时，应立即摘除。匍匐茎消耗养分大，为保证果大质优，发现生在叶片基部的幼嫩线状物（为匍匐茎）要及时摘除。同时要及时疏蕾、垫果。

（5）病虫害防治

草莓虫害主要有蚜虫和红蜘蛛，可用内吸型杀虫剂防治。病害主要有灰霉病、病毒病等，可用波尔多液、硫菌灵等杀菌

【我的笔记】

天下兴亡，匹夫有责

剂防治。

（6）温度调控

草莓生长过程中要根据植株根系、地上茎、叶、开花、果实膨大及成熟对环境温度的要求进行温度的调控。

草莓根系一般在2℃时开始活动，在7℃时开始长新根，最适生长温度为15~20℃，高于30℃时停止生长，并有根部变色受害现象，在−8℃时根系受到冻害。

草莓地上茎、叶在5℃时开始生长，生长最适气温为15~25℃，气温过高或过低生长都较缓慢，气温高于30℃有老叶焦边现象。

气温在5℃以上草莓开始花芽分化，花芽分化最适气温为5~15℃。显蕾前，白天温度保持在24~30℃，夜间保持在8~14℃；显蕾期，白天温度保持在25~28℃，夜间保持在8~12℃；开花期，白天温度保持在22~25℃，夜间保持在8~12℃；果实膨大和成熟期，白天温度保持在20~25℃，夜间保持在8~12℃，此期若温度过高，果实膨大受影响，造成果实着色快、成熟早，果实个小、品质差。

4. 开花结果情况观察和记录

观察开花结果情况并记录观察结果。

任务考核

根据表6-5-1进行考核评价。

表6-5-1 草莓无土栽培考核评价标准

考核项目	考核内容	考核标准	赋分（分）	得分（分）	评价人
操作技能	无土定植	方法正确，操作规范	20		
	培养液配制	操作规范	15		
	管理	按各环节技术要求规范管理	30		
	开花结果情况观察和记录	观察认真，记录及时、准确	10		
	清理场地	及时清场，不浪费材料，爱惜工具	5		
素质要求	出勤纪律	按时出勤（不迟到或早退），遵章守纪	5		
	学习态度	态度端正，积极认真，勇于实践	5		
	团队协作	小组成员团结协作，有集体观念	5		
	方法能力	学习方法灵活，能按时完成任务	5		
合　计					

拓展坊

温室草莓简易无土栽培

（1）定植前准备

定植前先建好栽培槽，放入栽培基质，铺设好输水管道。栽培槽高 20cm、宽 60cm，周围用红砖垒砌，槽间作业道宽 40cm。槽内底部及四周铺一层厚 0.1mm 的聚乙烯塑料薄膜与土壤隔离，防止土壤病虫传播危害。栽培基质用 50% 碎玉米秆、20% 炉渣与 30% 锯末混合制成。为保证草莓在整个生育期内有充足的养分供应，将消毒后的腐熟鸡粪与豆饼按 2∶1 的比例混合，在每立方米基质中掺入 10kg 左右作基肥。利用固态基肥取代培养液，使设备大大简化，成本明显降低。将掺入有机肥的基质填入栽培槽后，在每个栽培槽内铺设塑料滴管 1~2 根，并通过支管和干管与室外的自来水或储水池连接。每个日光温室均设置单独的灌水控制阀门。输水管道铺设后用黑色地膜将栽培槽盖严，可防雨水淋入槽内并有利于基质温度的提高。

（2）定植

9 月上旬定植。草莓品种选用需冷量低、果个大、色泽鲜艳、产量高的‘丰香’和‘弗吉尼亚’。为了提早成熟上市和提高产量，定植前先对草莓进行假植，分化出花序后再定植于栽培槽内。定植前要剪除老叶、病叶、匍匐茎，剔除小苗、弱苗。一般每个栽培槽内定植 2 行，株距 15cm 左右。栽后连续浇水 2~3d，以确保成活。

（3）定植后管理

幼苗生长期间要经常去除老叶和病叶，并喷布 2 次杀菌剂如多菌灵、甲基硫菌灵等。扣棚前再摘除一次老叶，每株保留 3~4 片功能叶，然后喷一次 10mg/kg 赤霉素，待 30% 植株现蕾时再喷一次 5mg/kg 赤霉素。

10 月底至 11 月初扣棚。为保证满足草莓的需冷量，应在扣棚后进行 3~5d 的预冷，然后逐步升温。草莓生长发育的适宜温度是 17~24℃，温度过高或过低都会影响授粉、受精和果实发育，因此必须严格调控室内温度。另外，要经常摘除老叶、病叶、匍匐茎，每株保留 8~10 片功能叶，以利于通风透光。为了保证草莓的正常生长及开花结果，要每隔 7~10d 喷一次 0.2%~0.5% 尿素或磷酸二氢钾。在草莓开花前和果实膨大期将速效氮、磷、钾肥用水溶化后通过滴灌系统直接输到根系附近，实行水肥同灌。草莓人工授粉能显著提高产量和质量，除做好品种搭配外，还应坚持花期放蜂和人工辅助授粉。由于棚内温度和湿度较高，易发生草莓灰霉病、草莓褐斑病等，可及时喷施 50% 多菌灵 500 倍液或 50% 速克灵 800 倍液进行防治，或用速克灵烟剂熏蒸。

活动坊

1. 配制培养液母液。
2. 无土栽培草莓植株成品。
3. 无土栽培草莓开花结果记录（表 6-5-2）。

表 6-5-2　无土栽培草莓开花结果记录

序号	盆栽时间（月 / 日）	盆栽时叶片数	第一花序			第二花序			总果实	
			开花时间（月 / 日）	小花朵数	果实成熟时间（月 / 日）	开花时间（月 / 日）	小花朵数	果实成熟时间（月 / 日）	数量（株）	重量（g）

模块4

园艺植物养护

项目 7　园艺植物整形修剪

任务 7-1　草本花卉整形修剪

任务坊

任务目标

知识目标

1. 了解整形修剪的意义。
2. 熟悉整形的 5 种方式。
3. 掌握各种修剪措施的方法与意义。

技能目标

1. 能够正确使用整形修剪工具。
2. 能够适时进行草本花卉的整形修剪。

素质目标

1. 培养探索精神。
2. 培养坚忍不拔的精神。

任务描述

整形修剪是花卉栽培的重要养护措施。本任务主要根据花卉种类及栽培目的不同，对草本花卉及时采取不同的整形修剪措施，以使株形丰满、花朵硕大或繁茂，提高观赏价值；改善通风透光条件，有利于花卉生长发育；调节花期，使花卉一年多次开花。

任务准备

1. 器材及用具：修枝剪、细竹竿、细铁丝、小木棍等。
2. 植物材料：菊花（多头菊、独本菊、悬崖菊）。
3. 实训场所：温室。

知识提示

1. 整形修剪的意义。
2. 花卉整形的方式。
3. 花卉的修剪措施。

任务实施

多本菊的整形修剪措施主要有摘心、抹芽、盘压、剥蕾、绑扎等。

【我的笔记】

千磨万击还坚劲，任尔东西南北风

1. 摘心及抹芽

培育多头菊要进行多次摘心，促使其多生侧枝，还可以控制植株的高度。3 月上旬插穗扦插 10d 后留 3~4 片展开叶进行第一次摘心；5 月中旬待菊花侧枝长出 6~7 片叶时进行第二次摘心；以后 20~25d 摘心一次，每次摘心均留 2~3 片叶；至 6 月中旬多本菊已有 3~4 个侧枝，当侧枝长出 5~6 片叶时进行抹芽定头，即最后一次摘心。

2. 盘压

7 月下旬进行整枝定型，根据花朵数量要求选留发育正常、分布均匀、高矮一致的数个枝条，剪去多余的弱枝。7 月底对高低不平的枝条进行盘压：将枝条弯折，伤及木质部而不折断，将弯折处埋入盆土，并用小木棍固定。盘压可使菊花枝条均匀分布，保持高度一致。

3. 剥蕾

9 月菊花开始花芽分化并孕蕾，这时枝条上的腋芽萌发较多，为了使养分集中于孕蕾开花，必须将抽生的侧芽尽早全部抹去。菊花花芽分化后，顶端长出许多花蕾，为了防止养分分散，应在花蕾绿豆大小、花梗有所伸长、主蕾与侧蕾可辨认时抓紧时间疏蕾。疏蕾时可留 1~2 个侧蕾备用，以防止病虫危害或人为损坏主蕾而无法补救。

4. 绑扎

花蕾透色后进行绑扎。绑扎时，先把与菊花茎粗细相当的细竹竿按要求插入盆土中，然后把竹竿与最靠下的花托相齐剪平，将菊花按此高度绑扎。菊花头要绑得端正，绑扎时注意不要碰坏叶片和花瓣，否则达不到理想的观赏效果。

任务考核

根据表 7–1–1 进行考核评价。

表 7-1-1 草本花卉整形修剪考核评价标准

考核项目	考核内容	考核标准	赋分（分）	得分（分）	评价人
操作技能	摘心及抹芽	时间合理，方法正确，操作规范	20		
	盘压	枝条均匀分布，高度一致	20		
	剥蕾	无人为损坏主蕾，操作规范	20		
操作技能	绑扎	绑扎方法正确，高度适宜，操作规范	15		
	清理场地	及时清场，不浪费材料，爱惜工具	5		
素质要求	出勤纪律	按时出勤（不迟到或早退），遵章守纪	5		
	学习态度	态度端正，积极认真，勇于实践	5		
	团队协作	小组成员团结协作，有集体观念	5		
	方法能力	学习方法灵活，能按时完成任务	5		
合　计					

拓展坊

1. 一串红摘心

（1）确定摘心时间和次数

一串红摘心时间不可过迟，否则枝条过长，基部老化，修剪后萌生的新芽弱，顶端不易形成花序，或花序纤弱，着花稀少，开花不良。一串红第一次摘心在幼苗长出 3 对叶、高度 10cm 时进行，第二次摘心在侧枝长出 3 对叶时进行，最后一次摘心时间根据所需植株大小与开花期而定。在北方地区，劳动节开花的一串红，最后一次摘心的时间在 3 月中旬；国庆节开花的一串红，最后一次摘心的时间在 8 月中旬。

（2）摘心

一串红摘心时去掉主枝枝梢顶芽或带少部分茎，保留枝条基部 1~2 对（或 2~4 片）叶片。所用修枝剪要锋利，不得造成撕裂伤；剪口距离剪口芽的位置不宜过远，并要注意防止破芽。摘心时要彻底，每一植株每个主枝都必须摘心，防止漏掉。

2. 案头菊、独本菊整形修剪

菊苗上盆后，叶腋间会不断萌发新的侧芽，这些芽要及时抹去，使养分集中于顶芽孕蕾开花。菊花的花蕾很多，只留 1~2 个主蕾，其余侧蕾全部剥除，以保证顶端的花开得大、开得好。除蕾一般在花蕾绿豆大小时进行，过早或过晚均不合适。独本菊除蕾后要立杆支撑，绑上花托，防止花大歪头，以增强其观赏效果。

3. 悬崖菊整形修剪

悬崖菊整体形状为基部较大、向上渐小的锐角三角形，其主枝不摘心，任其生长，侧枝反复摘心。当基部枝条长至 6~8 片叶时摘心，中部侧枝长至 4~5 片叶时摘心，促使萌发更多的侧枝。

9 月初开始定形。由于悬崖菊上、下部位开花不一致，定形要分批、分期进行，基部先定，中部 5~6d 后定头，上部最后定头，于 9 月上旬完成。

活动坊

通过实际操作，总结草本花卉整形修剪的技术要点及作用。观察整形修剪后植株的生长发育变化，完成实训报告。

任务 7-2 木本花卉整形修剪

任务坊

任务目标

知识目标

1. 明确整形修剪的重要性。
2. 熟悉整形修剪的方式和方法。
3. 掌握整形修剪的原则和步骤。
4. 熟悉牡丹的主要特征。

技能目标

1. 能够运用所学知识进行牡丹的整形操作。
2. 能够根据植株的具体情况进行适当的修剪。

素质目标

1. 培养协作精神和责任意识。
2. 培养理论联系实际、实事求是的工作作风。

任务描述

木本花卉的整形修剪直接影响到城市植物景观的效果。本任务主要进行木本花卉不同季节的整形修剪，以改善通风透光条件，提高观赏价值。

任务准备

1. 器材及工具：修枝剪、照相机、笔、记录本等。
2. 植物材料：牡丹等。

知识提示

1. 整形修剪的重要性。
2. 整形修剪的原则。
3. 整形方式、修剪方法及程序。
4. 牡丹的主要特征。

任务实施

牡丹主要采用混合式整形，常用的树形为丛生形或自然圆头形。根据牡丹株丛的大小、品种和生长年限等选留 5~6 个或 8~10 个生长健壮、分布均匀的枝条作为主枝。选留的丛生主枝顺其自然生长，稍加人工干预，树形不必过于圆整，以姿态自然为宜。

【我的笔记】

纸上得来终觉浅，绝知此事要躬行

牡丹修剪时要考虑植株的生长发育特性、周围的环境条件、树龄和树势及其主要功能。具体修剪方法主要有：疏枝、除萌蘖、短截、抹芽、疏花疏果、回缩等。修剪的程序包括：一知、二看、三剪、四检查、五处理。牡丹修剪按修剪季节归纳起来有：

1. 冬季修剪

对于冬、春季气温低且风沙大的地区（如山西太原），此期主要将干枯的叶柄轻轻打掉，将枯死枝、病虫枝、伤残枝、残花、残果全部剪掉。

2. 春季修剪

（1）萌芽前修剪

一般在2月中旬到2月底牡丹尚未萌芽时进行。

除萌蘖：将根部的覆土和杂物清理干净，疏除牡丹植株基部的萌蘖枝，俗称“芍药打头，牡丹修脚”。除萌蘖连续进行2~3次，对有利于更新及用于补充主枝的萌蘖枝进行保留，以形成丰满匀称的冠形。

疏枝：围绕植株仔细观察，将枯死枝、病虫枝、伤残枝、残花、残果及重叠枝、交叉枝、过密枝或弱小枝条从根部剪掉。主枝下部不留侧枝，以利于通风透光。上部枝条的修剪遵循“逢3去中或去2”的原则，即当一个分枝点上生出3个枝条时，根据具体生长情况去掉中间1个或直接去掉2个枝条，保留1~2个枝条，去弱留强、去弯留直。

短截：对每个选留枝条进行剪截，保留1~2个健壮饱满的芽，剪口芽距剪口0.5~1cm。注意：修剪伤口要齐、圆、平，不可剪成马蹄形，确保侧枝和主枝不发生劈叉；树冠外围顶端枝条的修剪要留外芽，内膛枝的修剪要根据空间进行留芽；修剪时能分清1年生枝和多年生枝，分清花芽和叶芽。

（2）生长期修剪

抹芽：在3月底，嫩芽生长至5cm左右时，及时进行抹芽。抹掉枝干上的不定芽和砧木上的根蘖芽。

疏花：去掉弱小的花苞。

（3）蕾期修剪

在牡丹出蕾期应该进行复查，对于未出花蕾或者不能成花的枝应酌情剪掉，以集中养分供给有花枝条和开花。

（4）花后修剪

花后及时进行疏花、疏果，将残花或残果从顶部去掉，不得损伤花柄以免影响第二年侧生花芽的形成。保留花下的叶片使枝条发育充实。

（5）更新复壮

牡丹的寿命较长，对于开花多年的老树，可利用老枝上不定芽发出的新枝或基部的萌蘖枝进行更新，达到复壮的目的。

任务考核

根据表 7-2-1 进行考核评价。

表 7-2-1　木本花卉（牡丹）整形修剪考核评价标准

考核项目	考核内容	考核标准	赋分（分）	得分（分）	评价人
操作技能	整形	方法正确，操作规范	35		
	修剪	方法正确，操作规范	40		
	清理场地	及时清场，不浪费材料，爱惜工具	5		
素质要求	出勤纪律	按时出勤（不迟到或早退），遵章守纪	5		
	学习态度	态度端正，积极认真，勇于实践	5		
	团队协作	小组成员团结协作，有集体观念	5		
	方法能力	学习方法灵活，能按时完成任务	5		
合　计					

拓展坊

牡丹盆栽

（1）品种、花盆选择

盆栽牡丹，建议选择植株矮小、易开花的品种，如‘淑女装’、‘锦袍红’、‘洛阳红’、‘胡红’等。花盆以使用瓦盆为佳。

（2）基质配制

牡丹喜欢排水好、肥沃疏松的基质，可以用腐叶土和细河沙（或园土）混合配制，消毒后备用。

（3）上盆及换盆

盆栽牡丹的上盆时间通常在10月中旬。先用瓦片垫住盆底排水孔，装一些大粒砂石，然后将根系捋顺，使其均匀布于盆内，再填充基质、浇水置背阴通风处，待缓苗后再移至阳光下。盆栽牡丹，每隔2~3年换盆一次。

（4）水肥管理

牡丹喜欢偏湿润的环境，但是不耐涝，春、秋季浇水要适量，保证土壤湿润即可，夏季要多浇，不能让土壤干燥。牡丹对肥料有较高的要求，不用勤施，一般每年施2~3次即可，施用量也不用太多。

（5）抹芽、修剪

牡丹修剪一般以每枝一花为原则。春季当幼芽萌动时，每枝选留上部2~3个芽，其余芽全部摘除。花谢后随时剪去残花。为了保持良好的株形和促进开花，秋、冬季应疏去细弱枝，保留的健壮枝条仅留下部2个芽进行短截。

（6）病虫害防治

早春将带病枯枝落叶清除烧掉。植株萌动前喷洒一次3~5波美度石硫合剂，展叶后每隔10d左右喷一次50%多菌灵，连续喷两次以上，可以预防病虫害发生。

活动坊

1. 以小组为单位进行牡丹的整形修剪。
2. 在整形修剪操作前、后，给植株拍照，要求图片能反映出整形修剪的效果。
3. 归纳总结整形修剪具体的操作步骤，提交实训报告。

任务 7-3 果树整形修剪

任务坊

任务目标

知识目标

1. 了解整形修剪的重要性。
2. 掌握整形修剪时期。
3. 掌握果树树形结构。
4. 掌握果树整形修剪的基本方法。

技能目标

1. 能够确定不同果树树形结构。
2. 能够选择适合的修剪方法。
3. 能够独立修剪果树。

素质目标

1. 培养热爱劳动、保护环境的意识。
2. 培养学农、爱农的职业素质，有振兴乡村的信心和责任感。

任务描述

整形修剪是果树栽培管理基本技能之一，在生产上广泛应用。整形与修剪是密不可分的，良好的整形与合理的修剪，对保证果树连年优质高产及延长经济寿命具有重要的意义。本任务主要针对不同果树的不同树形结构，选用合适的修剪方法进行修剪。

任务准备

1. 器材及用具：修枝剪、锯子、高枝剪、环剥刀、绳子、梯子等。
2. 植物材料：苹果、桃、欧李等植株。
3. 实训场所：校园。

知识提示

1. 树体结构及各部位名称。
2. 整形修剪原则。
3. 整形修剪时期。
4. 整形修剪技术。

任务实施

1. 欧李树形整形

欧李宜采用丛状整形。丰产的欧李株丛应拥有各类结果枝 10 个左右，其中基生枝 7~8 个，2 年生枝 2~3 个，每年选留新的基生枝 10~15 个作为更新枝。春季定植时每枝留 10~20cm 短截，当年可萌发 7~15 个侧枝和 3~5 个基生枝。第二年基生枝和 2 年生枝上的侧枝形成大量花芽，并开始结果。5 月下旬基生枝萌发后，除每丛选留 10~15 个作为更新枝外，其余基生枝一律剪除。

2. 不同季节欧李修剪

欧李一年四季都可以进行修剪，主要集中在夏季和冬季进行。

（1）夏季修剪

①拉枝　用麻绳、塑料绳等将枝条人为地拉至整形要求的方位和角度。拉枝有利于幼树扩大树冠。

②疏枝　将需疏除的枝条从基部剪除。

③刻伤　用刀横割枝条的皮层，深达木质部。刻伤可提高萌芽率，缓和枝势，增加枝量。

④摘心　在生长季摘去新梢顶端的幼嫩部分。摘心可削弱顶端优势，促进花芽形成，提高坐果率。

⑤扭梢　将旺梢向下扭曲或将其基部旋转扭伤。

⑥捻枝　用手自基部到顶部捻旺梢，伤及木质部，响而不折。

⑦环剥　将枝干韧皮部剥去一环。环剥的程度是指环剥的宽度及深度。其宽度常以环剥处枝条直径的 1/10 为宜。太宽，不能愈合导致死亡；太窄，起不到削弱生长势的作用。而深度则以除去韧皮部而不能伤及木质部为宜，如果伤及木质部，严重时会使环剥处以上整个枝条枯死。

⑧缓放　对 1 年生枝条不剪任其生长。缓放可增加枝量，有利于母枝加粗生长。

（2）冬季修剪

冬季可以使用夏季基本修剪技术中的疏枝、摘心和缓放 3 种方法。除此之外，还有以下修剪方法：

①短截　剪去 1 年生枝条的一部分。根据短截的程度，可分为轻短截、中短截、重短截。短截后促发新枝，增加枝条密度，对枝条起加强生长作用，但短截程度不同，作用不尽相同。

②回缩　剪去多年生枝条的一部分。依缩剪程度、留枝强弱、伤口大小不同，可表现促进或削弱生长的作用。

【我的笔记】

晨兴理荒秽，戴月荷锄归

任务考核

根据表 7-3-1 进行考核评价。

表 7-3-1 果树整形修剪考核评价标准

考核项目	考核内容	考核标准	赋分（分）	得分（分）	评价人
操作技能	树形整形	正确辨认疏散分层形树形的主枝、侧枝、辅养枝、结果枝组、中心干、主干；正确辨认开心形树形的三大主枝与若干个副主枝	35		
	不同季节的修剪	欧李夏季修剪方法正确、操作规范；欧李冬季修剪方法正确、操作规范	40		
	清理场地	及时清场，不浪费材料，爱惜工具	5		
素质要求	出勤纪律	按时出勤（不迟到或早退），遵章守纪	5		
	学习态度	态度端正，积极认真，勇于实践	5		
	团队协作	小组成员团结协作，有集体观念	5		
	方法能力	学习方法灵活，能按时完成任务	5		
合　计					

拓展坊

欧李整形修剪

欧李又称钙果，属于蔷薇科樱属矮生灌木，为我国特有的第三代小水果，果实与大樱桃相似，酸甜可口，风味独特，营养丰富，含钙量高，可鲜食或加工。种仁可入药，也是极具开发潜力的药用植物。欧李植株矮小，果实鲜红、小巧玲珑，集观花、赏叶、品果于一体。此外，它抗寒、耐旱、耐盐碱、耐瘠薄、适应性强，是极其优良的生态树种。

欧李定植当年一般不需要太多的修剪，修剪主要在盛果期和衰老期进行。

欧李修剪的基本原则：以疏枝和短截为主。疏除细弱枝、多余基生枝、病虫枝、下垂枝等。对各级骨干枝、延长枝要按照生长量和树形要求进行适度短截，以确保其生长势和牢固程度。同时，在修剪过程中，要满足欧李“早果、优质、丰产”的要求，对结果枝组进行抑强扶弱，满足光照需求，促进各枝条协调发展。修剪时要控制枝条开张角度。

活动坊

1. 绘制苹果和桃的树形结构图。
2. 对欧李树体进行拉枝、疏枝、刻伤、环剥等夏季基本修剪手法的综合应用。
3. 对欧李树体进行短截和回缩等冬季基本修剪手法的综合应用。

任务 7-4 日光温室冬春茬蔬菜植株调整

任务坊

任务目标

知识目标

1. 熟悉植株调整的意义。
2. 掌握日光温室冬春茬番茄植株调整的技术要点。

技能目标

1. 能够进行茎蔓调整。
2. 能够独立进行番茄日光温室冬春茬植株调整。

素质目标

1. 培养学农、知农、爱农的“三农情怀”。
2. 培养举一反三、触类旁通的学习能力。

任务描述

蔬菜植株调整是蔬菜田间管理的重要措施。本任务主要进行日光温室冬春茬番茄植株调整（包括缠蔓、打杈、去叶、疏花疏果和落蔓等），使植株达到最佳的生长发育状态。

任务准备

1. 器材及用具：去叶刀、0.2% 苯甲酸溶液、一次性橡胶手套、喷壶、高空作业车、平板车、垃圾桶等。
2. 植物材料：番茄植株。
3. 实训场所：温室、校外实训基地。

知识提示

1. 植株调整的意义。
2. 植株调整每项措施的原理。
3. 番茄田间植株调整的五大措施。
4. 植株调整的具体操作要求。

任务实施

日光温室冬春茬番茄栽培过程中，为了人为地调整植株的生长和发育，使植株达到最佳的生长发育状态，促进产品器官的形成和发育，需要在栽培期间通过缠蔓、打杈、去叶、疏花疏果和落蔓 5 个措施进行植株调整。

【我的笔记】

闻一以知十

1. 缠蔓

缠蔓在生产上也称为盘头，就是在定植行的上端沿南北方向拉一道铁丝，把吊绳上端固定在铁丝上，下端系竹棍插入土中固定，或在定植行拉底绳，把吊绳下端系在底绳上，再把植株的顶部人为地缠绕固定在吊绳上，促使番茄植株垂直向上生长。在番茄生长期间，需及时进行缠蔓。在缠蔓过程中，操作人员的肩部与植株顶部平行，用左手捏住植株，右手拉绳沿顺时针方向进行缠绕，每节绕半圈。绳子紧贴植株茎部，不得出现空隙，不得将花序及叶片绕到绳子里。注意是用绳子绕植株，而不是用植株绕绳子。

2. 打杈

打杈是指摘除侧枝或侧芽，是在植株具有足够多的功能叶时，为了减少养分消耗而采取的清除多余分枝的措施。在生产中盘头和打杈一般同时进行，在盘头的过程中要将头部往下30cm左右的侧枝去掉。植株顶部向下50cm以内的侧芽要去干净。在打杈之前，操作人员的手部要进行消毒，打杈时动作要干净利落，摘除侧枝时不能将番茄植株的表皮撕破，避免出现伤口感染导致病害。生产上操作时先缠蔓后去侧芽，避免造成植株折断没有侧芽用于弥补。

3. 去叶

去叶是指摘除植株下部的老叶、黄叶和病叶。去叶可减少养分消耗，有利于植株下部通风透光，减轻病害的发生和蔓延，促进植株良好发育。

去叶前，操作人员的手部要进行消毒。首先确定植株的叶片数量，通常情况下每株留13片叶左右。从植株上方完全展开的花穗开始数13片叶，下方的叶子为需要打掉的老叶，一次去3~5片。超出5片时，会影响植株生长。操作时，先从每行的右侧开始，轻轻地拉拽叶片，拿小刀紧贴主干去除下部叶片，残留叶柄长度不得超出1cm。注意避免漏叶，避免划伤果实、主干。使用平板车、垃圾桶配合去叶，去除的叶片扔在垃圾桶内，及时清理出去，不得挂在植株、栽培槽上，不得留在温室内过夜。

4. 疏花疏果

番茄疏花疏果是选留少数优质幼果，除去多余的花果，依靠集中营养提高单果质量、改善品质，从而增加效益。生产中番茄疏花疏果的数量根据品种、操作时期而定。一般普通番茄每穗选留5个幼果，小型番茄每穗留10~14个幼果。操作前手部进行消毒，操作要仔细，每株每穗都要疏到；首先疏除畸形花、畸形果或开得晚的小花；不要拉扯或折断果串；双头花在小的时候就要疏掉（用手掐，不使用剪刀，以提高工作效率）；本轮疏花疏果，需疏掉上一轮漏掉和尾部大小差异较大的果实，同时去除双头花。

5. 落蔓

落蔓也称为放蔓，是对于无限生长的植株，在其生长期间为了使其龙头处于一定的高度，有充足的空间生长，同时为了便于田间操作，随着植株的生长，及时将茎蔓下落，盘绕于畦面或者栽培槽上，使植株生长点始终保持适当的高度。

通过将吊蔓的绳子在顶端钩子上放下 2~3 圈，降低植株高度。操作时避免动作过大造成落果；在放蔓过程中尽量保持整行的植株顶端高度一致；放蔓完成后需整理植株，下部的茎蔓放到落蔓钩子内；一次性完成放蔓，尽量避免反复提拉植株。

任务考核

根据表 7-4-1 进行考核评价。

表 7-4-1 日光温室冬春茬番茄栽植考核评价标准

考核项目	考核内容	考核标准	赋分（分）	得分（分）	评价人
操作技能	缠蔓	操作规范、动作熟练，绳子松紧适度	15		
	打杈	操作规范，侧芽去除干净，植株无损伤	10		
	去叶	操作规范，叶柄保留不长于 1cm，及时清理去掉的叶片	15		
	疏花疏果	操作规范，无遗漏、无损伤	20		
	落蔓	操作规范、熟练，植株高度、株距一致	15		
	清理场地	及时清理温室，栽培行间干净	5		
素质要求	出勤纪律	按时出勤（不迟到或早退），遵章守纪	5		
	学习态度	态度端正，积极认真，勇于实践	5		
	团队协作	小组成员团结协作，有集体观念	5		
	方法能力	学习方法灵活，能按时完成任务	5		
合计					

拓展坊

日光温室瓜类蔬菜植株调整

（1）拉吊绳

在定植行的上端沿南北方向拉一道铁丝，把吊绳上端固定在铁丝上，下端系竹棍插入土中固定，或在定植行上拉底绳，把吊绳下端系在底绳上，也可以直接把吊绳下端系在黄瓜蔓的基部。要系成活扣，松紧适度。

（2）缠蔓

将黄瓜茎蔓轻轻缠绕在吊绳上，吊蔓时要抑强扶弱。塑料大棚栽培的黄瓜要求生长点在一个水平面上，温室栽培的黄瓜从南向北纵向在一个斜面上，横向要求高度一致。

（3）打杈

黄瓜以主蔓结瓜为主，叶腋中发生的侧枝、卷须等要尽量去除，打杈的长度在3~5cm。如果植株表现空节（即几节内没有雌花），可留杈结瓜，在侧枝的雌花前端留1~2片叶摘心，以弥补这个区间缺瓜的问题，随着留杈瓜的采收，连同侧枝一并去除。

（4）落蔓

随着植株的生长和果实的采收，生长点接近吊绳顶端，要及时摘除下部的老叶、病叶、黄叶，进行落蔓。具体方法是：把吊绳基部解开，落下的蔓一圈一圈盘卧在地膜上，不要接触土壤。把蔓落到摘除老叶的部位，叶不能触地，给生长点留一定的生长空间。

（5）留瓜

西瓜进行人工授粉后，在适宜条件下很快坐瓜。直立栽培的西瓜，多选用主蔓上第2~3朵雌花和子蔓上第1~2朵雌花授粉，当已坐住的2~3个瓜长到鸡蛋大小时，选留果形端正的一个瓜，把另一个瓜疏掉。

甜瓜设施栽培有单层留瓜和双层留瓜两种留瓜方式。一般小果型品种每株每层可留2个瓜，大果型品种每株每层只留1个瓜。甜瓜选留子蔓2节以后的雄花或孙蔓上的雌花留瓜。一般多留1~2朵雌花，授粉后5~10d，当幼果鸡蛋大小时，选择果形端正、果柄较粗的椭圆形果实保留，形状太圆的果实以后膨大效果较差，而形状太长的果实则一直到收获时仍然是长椭圆形。每条结果蔓上只留1个瓜。每层留2个瓜的品种，选留的瓜最好在两条子蔓或孙蔓相同节位上，使果实生长均匀一致。

活动坊

1. 分组讨论，制订日光温室冬春茬番茄植株调整方案。
2. 分组实施日光温室冬春茬番茄植株调整方案，实施过程中教师进行指导。
3. 每组选派一名成员讲解日光温室冬春茬番茄植株调整实施方案及注意事项。
4. 成果展示。

项目 8　园艺植物营养管理

任务 8-1　园艺植物营养诊断

任务坊

任务目标

知识目标

1. 了解园艺植物根系和叶片对养分的吸收特点。
2. 熟悉园艺植物生长所需的营养元素。
3. 熟悉园艺植物体内可移动元素和不可移动元素与相应缺素症出现部位。
4. 掌握园艺植物缺素症的诊断方法。
5. 掌握专业资料的查阅、整理及分析方法。

技能目标

1. 能够独立查阅资料并进行分析整理。
2. 能够诊断园艺植物缺素症。
3. 具有一定的语言表达能力。
4. 具有分析问题、解决问题的能力。

素质目标

1. 培养善于观察、勇于表达的职业素养。
2. 培养严于律己、宽以待人的职业素质。

任务描述

园艺植物缺乏营养元素时往往会表现出一定的症状，形态诊断是常用的诊断方法之一。本任务主要编制典型缺素症状检索表，在园艺植物栽培中科学开展营养诊断，保证其正常生长发育。

任务准备

1. 器材及用具：笔、记录夹、拍照工具（手机、相机等）。
2. 植物材料：园艺植物。
3. 实训场所：温室、果园、草坪、其他绿地、图书馆等。

知识提示

1. 营养元素的生理功能和园艺植物缺素症。
2. 园艺植物对养分的吸收特点。
3. 园艺植物体内可移动元素和不可移动元素。

任务实施

1. 查阅资料

通过查阅书籍及与园艺相关的杂志、报刊、网站等，独立完成园艺植物营养元素缺素症相关资料的查阅。

【我的笔记】
躬自厚而薄责于人

2. 编制园艺植物典型缺素症状检索表

利用查阅到的园艺植物营养元素缺素症相关资料，结合园艺植物营养缺乏症状观察，编制方便使用的园艺植物常见典型缺素症状检索表。园艺植物营养缺素症状观察内容如下：

①观察症状出现部位　症状发生在植株下部老叶，还是新叶或顶芽。

②观察叶片颜色　叶片是否失绿变褐、变黄，叶色是否均一，叶肉和叶脉颜色是否一致，叶上有无斑点或条纹，斑点或条纹是什么颜色。

③观察叶片形态　叶片是否完整，是否卷曲或皱缩，叶尖、叶缘或整个叶片是否焦枯。

④观察症状发展过程　症状最先出现在叶尖还是叶基部、叶缘或主叶脉两侧，之后如何发展。

⑤观察叶尖是否扭曲、焦枯或死亡。

3. N、P、K、Fe、Mn、Zn、B、Cu、Mo 缺素症诊断

通过仔细观察实训场所中的植株生长状况，准确描述缺素症状，用编制好的园艺植物常见典型缺素症状检索表对 N、P、K、Fe、Mn、Zn、B、Cu、Mo 等元素的缺素症进行诊断。

4. 园艺植物缺素症状整理汇总

将所观察到的园艺植物缺素症状整理汇总到园艺植物缺素症汇总表中。

任务考核

根据表 8-1-1 进行考核评价。

表 8-1-1 园艺植物营养诊断考核评价标准

考核项目	考核内容	考核标准	赋分（分）	得分（分）	评价人
操作技能	资料查阅	用两种以上途径查找资料，信息量大	10		
	编制园艺植物常见典型缺素症状检索表	检索表编制方法科学、格式正确、方便使用	20		
	N、P、K、Fe、Mn、Zn、B、Cu、Mo 缺素症诊断	观察认真，症状描述准确，6 种以上缺素症诊断正确	40		
	园艺植物缺素症状整理汇总	汇总表格填写认真	10		
素质要求	出勤纪律	按时出勤（不迟到或早退），遵章守纪	5		
	学习态度	态度端正，积极认真，勇于实践	5		
	团队协作	小组成员团结协作，有集体观念	5		
	方法能力	学习方法灵活，能按时完成任务	5		
合计					

拓展坊

植物营养测定技术

园艺植物的营养条件是保证其正常生长发育，提高产品产量和品质的重要条件。植物组织速测是通过测定未被同化的无机形态的硝酸盐、磷酸盐、钾盐等的含量来诊断植物的营养状况。其中，浸提方式测定植物组织速效养分的方法是以蒸馏水或酸性溶液浸出植物组织中的速效养分，然后以显色剂显示。其操作方法如下：

（1）样品采集

在待测定的植物分布区，选择有代表性的植株 1~5 株。按照预定取样部位取下植物组织，用干净湿布擦净后贮于塑料袋中。

（2）样品处理

用干净的剪刀将采集的新鲜样品剪成长、宽不超过 1mm 的小片。

（3）样品测定

①硝态氮含量测定　称取切碎并混匀的植物组织 0.2~0.5g，放入比色试管中；加蒸馏水 10mL，浸泡 10min，加塞后用力摇动 1min；静止片刻后，吸取滤液 4 滴放在比色皿上，加 60% 醋酸 4 滴，搅匀，再加 1 小勺硝酸，搅匀；静止 10min 后比色。读数乘以比值（10/ 样品重），即为组织中硝态氮含量。

②磷含量测定　称取切碎并混匀的植物组织 0.25g，放入 10~15mL 比色试管中；加入 1.5% 钼酸铵、3.5mol/L 盐酸液 1.5mL，塞紧，上下猛摇 300 次（约 2min），立即加水 6mL，摇匀；加入 2.5% 氯化亚锡 - 甘油液 1 滴，摇匀；5min 后与用同法显色的系列标准液比色。读数乘以 30，即为组织中含磷浓度。

③钾含量测定　吸取浸出液 2.5mL 放入直径 1.0~1.2cm 的平底比色试管中；加入 5% EDTA 溶液 2 滴，摇匀；再加 3% 四苯硼酸钠 5 滴，摇匀；55min 后与标准液比色。读数乘以比值（10/ 样品重），即为组织中钾的浓度。

活动坊

1. 编制园艺植物典型缺素症状检索表。
2. 完成园艺植物缺素症汇总表（表 8-1-2）。

表 8-1-2　园艺植物缺素症汇总

园艺植物名称	缺素类型	缺素症状

任务 8-2 营养液配制

任务坊

任务目标

知识目标

1. 掌握各种称量仪器的使用方法。
2. 熟悉溶液浓度的换算方法。
3. 掌握营养液母液的配制方法。
4. 掌握工作营养液的配制方法。

技能目标

1. 能够进行营养液原料计算与称量。
2. 能够配制营养液。

素质目标

1. 培养规则意识。
2. 培养安全意识。
3. 培养认真负责的工作态度。

任务描述

营养液是人工配制的供植物生长的平衡溶液，无土栽培主要通过营养液为植物提供养分和水分。本任务主要进行营养液母液和工作营养液配制，保证获得高产、优质、快速的无土栽培效果。

任务准备

1. 器材及用具：天平、烧杯、容量瓶（1000mL）、玻璃棒、贮液瓶（1000mL）、记号笔、标签、贮液池、各种单质肥料。

2. 试剂：化学试剂。

3. 实训场所：实训室。

知识提示

1. 影响园艺植物吸收营养元素的因素。

2. 不同肥料对园艺植物生长的作用。

任务实施

【我的笔记】

矩不正，不可为方；规不正，不可为圆

1. 营养液母液配制

（1）原料计算

浓缩贮备液（也称为母液）配方中的化合物一般分为3类，配制成的母液分别称为A母液、B母液和C母液。A母液以钙盐为主，凡不与钙作用产生沉淀的化合物均可放置在一起溶解，一般包括$Ca(NO_3)_2$、KNO_3，浓缩100~200倍；B母液以磷酸盐为主，凡不与磷酸根产生沉淀的化合物都可溶在一起，一般包括$NH_4H_2PO_4$、KH_2PO_4、K_2SO_4等，浓缩100~200倍；C母液是由铁盐和微量元素一起配制而成的，由于微量元素的用量少，因此其浓缩倍数可以较高，可配制成1000~3000倍液。

按照要配制的浓缩贮备液的体积和浓缩倍数计算出配方中各种化合物的用量。原料的计算过程和数据要确保准确无误，计算结果要多次核对，避免出错。

（2）原料称量

按照计算的用量，依次正确称取A母液和B母液中的各种化合物。称取各种原料时，要按照配方反复核对称取量，保证所称取的原料名称相符、称量准确，切勿张冠李戴。各种原料在分别称好之后，一起放在配制场地的规定位置，核查确认。

（3）母液配制

①配制A母液和B母液　将A母液和B母液的各种化合物分别放入各自的储液容器中，充分搅拌（一定要等到前一种化合物充分溶解后才能加入第二种化合物）。待全部溶解后加水至所需配制的体积，搅拌均匀即可。

②配制C母液　先量取所需配制体积2/3的清水，分为两份，分别放入两个塑料容器中；然后称取$FeSO_4 \cdot 7H_2O$和EDTA-Na_2分别加入这两个容器中，搅拌溶解后，将溶有$FeSO_4 \cdot 7H_2O$的溶液缓慢倒入EDTA-Na_2溶液中，边加边搅拌；再称取C母液所需的其他各种微量元素化合物，分别放在小的塑料容器中溶解，分别缓慢地倒入$FeSO_4 \cdot 7H_2O$和EDTA-Na_2的混合溶液中，边加边搅拌；最后加清水至所需配制的体积，搅拌均匀即可。

在配制各种母液时，母液的浓缩倍数一方面要根据配方中各种化合物的用量和在水中的溶解度来确定，另一方面以方便操作的整数倍为宜。浓缩倍数不能太高，否则可能会使化合物过饱和而析出，而且当浓缩倍数太高时，溶解也较慢。

（4）保存

为了防止母液产生沉淀，在长时间贮存时，一般可加硝酸或硫酸将其酸化至 pH 3~4，同时应将配制好的母液置于凉爽避光处保存，C 母液最好用深色（不透光）容器贮存。

（5）建立记录档案

建立严格的记录档案，将配方、配制日期和配制人员及分工详细记录下来备查。

2. 工作营养液配制

工作营养液是实际使用的营养液，生产上一般将浓缩贮备液稀释成工作营养液，也可以直接配制工作营养液。

（1）由母液稀释成工作营养液

由母液稀释成工作营养液的配制原则是“先稀释，后混合”。在加入各种母液的过程中，要防止沉淀的出现。

配制步骤为：在储液池（容器）中放入需要配制体积 1/2~2/3 的清水，按所需用量量取 A 母液倒入，开启水泵或搅拌器使其扩散均匀，然后按所需用量量取 B 母液，缓慢地将其倒入贮液池中的清水入口处，让水源冲稀 B 母液后带入贮液池中，开启水泵将其循环或搅拌均匀，此过程所加的水量以达到总液量的 80% 为度。最后量取 C 母液，按照 B 母液的加入方法加入贮液池中，经水泵循环流动或搅拌均匀即完成工作营养液的配制。

（2）直接配制工作营养液

在生产中，如果一次需要的工作营养液量很大，则大量营养元素可以采用直接称量配制法，而微量营养元素可采用先配制成 C 母液再稀释为工作营养液的方法。

具体的配制步骤为：在储液池中放入所要配制营养液总体积 1/2~2/3 的清水，称取 A 母液对应的各种化合物，放在容器中溶解后倒入储液池中，开启水泵循环流动；然后称取 B 母液对应的各种化合物，放入容器中溶解，用大量清水稀释后缓慢地加入贮液池的水源入口处，开动水泵循环流动；再量取 C 母液，用大量清水稀释，在贮液池的水源入口处缓慢倒入，开启水泵循环流动至混合均匀。

在直接称量营养元素化合物配制工作营养液时，在贮液池中加入钙盐及不与钙盐产生沉淀的盐类之后，不要立即加入磷酸盐及不与磷酸盐产生沉淀的其他化合物，而应在水泵循环 30~60min 之后再加入。加入微量元素化合物时也要注意，不应在加入大量营养元素之后立即加入。

在配制工作营养液时，如果发现有少量的沉淀产生，就应延长水泵循环流动的时间以使产生的沉淀溶解。如果发现由于配制过程中加入化合物的速度过快，产生局部浓度过高而出现大量沉淀，并且通过较长时间开启水泵循环仍不能使这些沉淀溶解，应重新配制营养液，否则在种植园艺植物的过程中某些营养元素可能会由于沉淀而失效，最终因营养液中营养元素缺乏或不平衡而使园艺植物表现出生理失调症状。例如，铁元素被沉淀之后，园艺植物易出现缺铁失绿症状。

任务考核

根据表 8-2-1 进行考核评价。

表 8-2-1　营养液配制考核评价标准

考核项目	考核内容	考核标准	赋分（分）	得分（分）	评价人
操作技能	原料计算	过程和数据准确无误，计算结果多次核对	15		
	原料称量	按照配方反复核对称取量及所称取的原料名称，称量准确	20		
	母液配制	严格按规程操作，操作熟练	20		
	建立记录档案	档案规范，记录准确	5		
	工作营养液配制	严格按规程操作，操作熟练	15		
	清理场地	及时清场，不浪费材料，爱惜工具	5		
素质要求	出勤纪律	按时出勤（不迟到或早退），遵章守纪	5		
	学习态度	态度端正，积极认真，勇于实践	5		
	团队协作	小组成员团结协作，有集体观念	5		
	方法能力	学习方法灵活，能按时完成任务	5		
合　计					

拓展坊

营养液配方

在配制营养液时，由于栽培的园艺植物种类不同、肥料条件不同等，选择的营养液配方也不同。常用无土栽培的配方有：

（1）大量元素配方（表 8-2-2）

表 8-2-2　大量元素配方

配方名称	肥料名称及用量（mg/L）
日本园艺配方均衡营养液配方	硝酸钙（950）、硝酸钾（810）、硫酸镁（500）、磷酸二氢铵（155）、EDTA 铁钠盐（15~25）、硼酸（3）、硫酸锰（2）、硫酸锌（0.22）、硫酸铜（0.05）、钼酸钠或钼酸铵（0.02）
番茄营养液配方（荷兰温室园艺研究所，1989）	硝酸钙（1216）、硝酸铵（42.1）、磷酸二氢钾（208）、硫酸钾（393）、硝酸钾（395）、硫酸镁（466）
番茄营养液配方（山东农业大学）	硝酸钙（590）、硝酸钾（606）、硫酸镁（492）、过磷酸钙（680）
西瓜营养液配方（山东农业大学）	硝酸钙（1000）、硝酸钾（300）、硫酸镁（250）、过磷酸钙（250）、硫酸钾（120）
绿叶菜营养液配方	硝酸钙（1250）、硫酸钾（250）、磷酸二氢铵（350）、硫酸镁（537）、硫酸铵（237）
甜瓜营养液配方	硝酸钙（826）、硝酸钾（607）、磷酸二氢铵（153）、硫酸镁（370）
甜椒营养液配方（日本山崎）	硝酸钙（354）、硫酸钾（607）、磷酸二氢铵（96）、硫酸镁（185）
霍格兰和阿农通用营养液配方	硝酸钙（945）、硫酸钾（607）、磷酸二氢铵（115）、硫酸镁（493）

（2）微量元素配方（表 8-2-3）

表 8-2-3　微量元素配方

肥料名称	用量（mg/L）	肥料名称	用量（mg/L）
EDTA 铁钠盐	20~40	硫酸锰	2.13
硫酸亚铁	15	硫酸铜	0.05
硼酸	2.86	硫酸锌	0.22
硼砂	4.5	钼酸铵	0.02

活动坊

1. 完成营养液原料计算表。
2. 分组配制营养液，实施过程中教师进行指导。
3. 每组选派一名成员讲解操作过程及注意事项。
4. 撰写实训报告。

任务 8-3　园艺植物施肥

任务坊

任务目标

知识目标

1. 了解园艺植物施肥的目的。
2. 熟悉园艺植物施肥的原理。
3. 熟悉影响园艺植物施肥量的因素。
4. 掌握园艺植物施肥的方法。
5. 掌握肥料对园艺植物生长的作用。

技能目标

1. 能够稀释肥料溶液。
2. 能够对园艺植物进行施肥。
3. 培养语言表达能力。
4. 培养分析问题、解决问题的能力。

素质目标

1. 培养环保意识。
2. 培养崇尚劳动的精神。
3. 培养科技强国的坚定信念。

任务描述

精准农业的快速发展，使科学施肥成为园艺植物栽培管理的主要措施之一。本任务主要根据草坪、盆花以及地栽花卉需肥要求合理施肥，为植物提供所需养分，实现高效栽培。

任务准备

1. 工具：称量工具、手套、工作服、口罩、细嘴壶、喷壶、液体施肥机或旋转式（或撒施式）施肥机、喷雾器、盛放液体肥料的容器等。

2. 植物材料：多种盆栽花卉，地栽月季、牡丹、卫矛等。

3. 肥料：草坪专用肥或 10–5–5 三元复混肥、有机复合肥、矿质肥料、草木灰、硼砂、腐熟人尿粪等。

4. 实训场所：温室、花园、草坪、其他绿地。

知识提示

1. 园艺植物生长所需的营养元素。
2. 叶片对养分的吸收特点。

3. 根系对养分的吸收特点。

4. 施肥目的与原理。

任务实施

【我的笔记】

一分耕耘，一分收获

1. 草坪施肥

（1）准备施肥工具及肥料

草坪施肥常以追肥方式进行。草坪成坪后应在生长旺盛期追肥，最常用的施肥工具为液体施肥机和旋转式（或撒施式）施肥机。液体施肥机易于使用，但难以均匀施肥。旋转式施肥机是目前最有效的草坪施肥设备，使用它撒肥，能快速将肥料均匀地施在较大面积草坪上。也可以人工撒施，但要求施肥人员特别有经验，能够掌握好手的摆动和行走速度才能做到均匀一致。

草坪施肥一般选用 10–5–5 三元复混肥料，也可自制或购买优质草坪专用肥。

（2）准确称量肥料

草坪成坪后磷、钾复合肥追肥用量为 $5\sim8g/m^3$，一年两次追肥的草坪每年施肥量为 6~10kg，根据草坪的面积准确计算和称量肥料。

（3）施肥

将所称量肥料的 80%~90% 装入旋转式施肥机中，剩余部分补施边角地带。开动旋转式施肥机撒施肥料。打开施肥机前就应开始移步，止步前关闭施肥机。行走的间距要一致，快慢要均匀。最后用手撒肥，补匀边角地带。所有地块要全施到，不要遗漏。施肥后立即浇水，以提高肥效（最好在下雨前施肥）。一周后检查施肥效果。

2. 盆花追肥

（1）矾肥水稀释

盆栽花卉追肥大多以浇稀释后的矾肥水为主。矾肥水适用于所有的盆栽花卉，特别适用于喜酸性土的花卉。矾肥水是把碎骨块、豆粉、淘米水、麻酱渣、硫酸亚铁（黑矾）等投入大缸内，加水上盖，放置于日光下，经高温腐熟而制成。

矾肥水施用前要加水稀释，一般花卉小苗稀释 40 倍，中苗稀释 30 倍，大苗稀释 20 倍。

（2）追施液肥

追肥在花卉生长期进行。施肥前 1~2d 不需浇水，让盆土稍干，可以提高肥效。施肥时用细嘴壶将稀释后的矾肥水沿盆边浇入盆土中，注意避免浇在植株或叶片上。施肥后应立即用清水喷洒叶面，以免残留肥液污染叶面。施肥次日一定要浇水，水量不宜多，以使肥液渗入根系周围为宜，可以提高肥效。一周后检查施肥效果。

3. 地栽花卉根外追肥

（1）确定肥料种类和浓度

地栽花卉追肥可用的肥料种类很多，在追肥前要做小型试验，即将不同种类肥料按一定浓度施用在植株上并记录每株园艺植物的施用量，根据两周后的施肥效果，确定根外追肥的肥料种类和浓度。一般使用的肥料种类和浓度为：尿素0.3%~0.5%，过磷酸钙 1%~3%，草木灰 3.5%~10% 浸出液，腐熟人尿粪 10%~20%，硼砂 0.1%~0.3%。

（2）施肥量计算及肥液配制

根据小型试验时植株的平均施用量和待施肥植株数量计算所需肥液的体积，配制相应体积的肥液。

（3）施肥

施肥时要选择无风、较湿润的天气条件，最好在傍晚施肥。用喷雾器将肥液均匀地喷布在植株叶片上，要重喷叶片的背面。两周后检查施肥效果。

任务考核

根据表 8-3-1 进行考核评价。

表 8-3-1 园艺植物施肥考核评价标准

考核项目	考核内容	考核标准	赋分（分）	得分（分）	评价人
操作技能	草坪追肥	工具及肥料准备到位，施肥均匀、效果好	20		
	盆花追肥	肥液稀释正确，施肥方法娴熟	20		
	地栽观赏树木根外追肥	肥料种类及浓度合理，施肥操作规范	35		
	清理场地	及时清场，不浪费材料，爱惜工具	5		
素质要求	出勤纪律	按时出勤（不迟到或早退），遵章守纪	5		
	学习态度	态度端正，积极认真，勇于实践	5		
	团队协作	小组成员团结协作，有集体观念	5		
	方法能力	学习方法灵活，能按时完成任务	5		
合　计					

拓展坊

新型肥料

传统肥料一般包含单质的氮、磷、钾肥及复混（合）肥和掺混肥。中国科学院赵秉强等将新型肥料归纳为缓（控）释肥、稳定性肥料、水溶性肥料、功能性肥料、商品化有机肥、微生物肥、增值尿素和专用复混肥 8 种类型。

（1）缓（控）释肥

缓释肥是通过化学的和生物的因素使肥料中的养分释放速率变慢。主要为缓效氮肥，也称为长效氮肥，一般在水中的溶解度很小。施入土壤后，在化学和生物因素的作用下，肥料逐渐分解，氮素缓慢释放，满足植物整个生长期对氮的需求。控释肥是通过外表包膜的方式把水溶性肥料包在膜内使养分缓慢释放。当包膜的肥料颗粒接触潮湿的土壤时，土壤中的水分透过渗透进入包膜内部，使部分肥料溶解。缓（控）释肥包含物理型、化学型和物理化学型 3 类。

（2）稳定性肥料

稳定性肥料通常是指生产供应过程当中加入了硝化抑制剂或者脲酶抑制剂或两种同时加入的肥料。这类肥料能够调解土壤微生物活性，减缓尿素的水解过程，延迟铵态氮向硝态氮的转化，从而达到尿素缓解释放的目的。与传统肥料相比，其肥效期长，养分利用率高，平稳供给养分，增产效果明显。

（3）水溶性肥料

水溶性肥料是指经过水溶解或者稀释，用于叶面喷施、无土栽培、浸种蘸根、滴喷灌等的液体或固体肥料。水溶性肥料的特点：一是水、肥同施，以水带肥，实现了水肥一体化，可以减少施肥总量，发挥肥、水协同效应；二是肥效快，可解决植物快速生长期的营养需求，但水溶性肥料价格普遍较高，同时速效性强，难以在土壤中长期保存。

（4）功能性肥料

功能性肥料既具有肥料的基本功能，又具有一些特定的功能。其特点有：水溶、缓释，把离子态的速效养分缓存在土壤当中，随着植物的吸收再次释放；具有改良土壤的作用，可以蓄能和增加土壤的保湿性、供肥能力；提高肥料利用率，在水肥一体化的情况下，一般功能性肥料利用率可达 15%~20%。

（5）商品化有机肥

商品化有机肥是一种工业化生产、质量相对稳定、发酵完全腐熟、无有害物质且符合国家相关标准、有机质含量≥ 45% 的精制优质有机肥。商品化有机肥对于改良土壤结构，改善农产品品质具有重要作用。

（6）微生物肥

由一种或数种有益微生物、培养基质和添加剂配制而成的生物性肥料，通常也称菌剂或菌肥，包括固氮类、解磷类和解钾类细菌。

（7）增值尿素

增值尿素是增效肥料的一种，专指在生产过程中加入腐殖酸、海藻酸和氨基酸等天然活性物质所制成的尿素改性产品。增值尿素的增效剂微量高效（添加量在 0.03%~0.3%），工艺简单，成本低；含氮量不低于 46%，符合尿素含氮量国家标准。

（8）专用复混肥

根据植物具体需肥特点和土壤供肥特性而生产的有特定氮、磷、钾养分配比的肥料，有的还添加了适量的中、微量元素等。它与一般复合肥相比，更有针对性。目前，市场不少专用复混肥的养分配比是按植物需肥总量设计的，即肥料的含氮量多为含磷量的 2 倍左右，因此对于大田作物来说，主要作基肥一次性施用，并按照一茬作物的养分需求总量估算施肥量，结合整地施于 10~15cm 深度或播种时侧施到 5cm 以下。

活动坊

1. 分组实施，实施过程中教师进行指导。
2. 任务实施后，每组选派一名成员讲解实施方案及注意事项。
3. 撰写实训报告。

项目 9　园艺植物病虫害防治

任务 9-1　园艺植物昆虫标本的采集、制作与识别

任务坊

任务目标

知识目标

1. 了解昆虫标本采集、制作、识别的常用工具种类。
2. 熟悉昆虫标本采集、识别的范围。
3. 掌握昆虫标本制作的基本步骤。

技能目标

1. 能够使用昆虫标本采集和制作主要工具。
2. 能够采集和制作昆虫标本。
3. 能够识别当地常见园艺植物害虫。

素质目标

1. 培养信息整合能力。
2. 树立热爱自然和保护自然的生态文明观念。
3. 树立勤奋、敬业的职业素养。

任务描述

园艺植物昆虫的识别是园艺植物虫害防治的前提，标本的采集和制作是基本技能。本任务主要进行昆虫标本采集、浸渍和针插标本的制作与识别及保存，为害虫的识别与防治、天敌的保护和利用奠定基础。

任务准备

1. 器材及用具：捕虫网、毒瓶、吸虫管、三角纸包、小管、小瓶、采集盒、采集箱、诱虫灯、手持便携式显微镜、镊子、记录本、昆虫体视显微镜、光学显微镜等。

2. 实训场所：植保实训室、校内外实训基地（包括蔬菜、花卉、果树、食用菌等生产的保护地和露地）。

知识提示

1. 昆虫标本的采集工具。
2. 昆虫标本的采集方法。
3. 昆虫标本的类型。
4. 昆虫标本的制作和识别工具。
5. 昆虫标本的制作步骤。
6. 常用浸渍标本保存液的类型。

任务实施

【我的笔记】

造化生微物，常能应候鸣

1. 昆虫标本采集

主要采用网捕法、诱集法、震落法采集园艺昆虫，并记录采集编号、日期、地点、采集人、采集环境、寄主及危害情况等。

（1）网捕法

利用捕虫网捕捉善于飞跳的昆虫，如蛾蝶类、蜂类、蜻蜓等。捕到昆虫后，需迅速扭转网柄，将网袋底端挂于网框上，从而将虫体封闭于网内难以逃逸。若昆虫飞行迅速，则需用捕虫网迎面捕捉。之后将虫体放于毒瓶中毒死。

（2）诱集法

诱集法是利用昆虫的某些特殊趋性或习性而设计的诱集昆虫的方法。如利用黑光灯引诱趋光性昆虫，利用夜蛾类昆虫喜糖醋特性而用糖醋酒液来诱集夜蛾类昆虫等；利用昆虫的特殊生活习性设计诱集场所，如在树干绑草束诱集害虫；利用悬挂性诱芯诱集昆虫。

（3）震落法

利用昆虫的假死性，将一些停留于树梢等隐蔽处的害虫震落下来，将其暴露后捕捉。

2. 浸渍标本制作

将采集到的昆虫的卵、幼虫、蛹及虫体较软或细小的成虫制作成浸渍标本。

（1）乙醇液浸渍

在 75% 乙醇中加入 0.5%~1% 甘油，可浸渍一般昆虫标本。优点为可使昆虫体壁柔软；缺点为乙醇吸水力强，易使虫体收缩。

（2）福尔马林液浸渍

将 1 份 40% 福尔马林加入 17~19 份水中，可在保存大量标本时使用，但会使标本膨胀，且有刺激性气味。

（3）冰醋酸、福尔马林（40%）、乙醇（95%）混合液浸渍

将三者按 1 : 6 : 15 比例置于 30 份蒸馏水中，可使标本不

收缩、不变黑、无沉淀。

3. 针插标本制作

定高后，利用整姿板对鞘翅目、直翅目、半翅目等昆虫进行整姿，利用展翅板对鳞翅目、膜翅目、双翅目等昆虫进行展翅。之后在昆虫针尖部插上采集标签，并用三级台定好标签高度，装入标本盒。

（1）虫体插针

依据虫体大小，选择粗细适当的昆虫针，垂直向下插入相应的虫体部位，再将昆虫针倒过来，放入三级台的第一级小孔中，使虫体背面紧贴在台面上。昆虫插针部位依昆虫种类而异。

（2）整姿展翅

鞘翅目、半翅目、直翅目等昆虫插针后需要整姿。在整姿板上，使虫体前足向前，中足向左、右，后足向后，较短的触角伸向前方呈“八”字形，触角较长则伸向后方，尽量保持活虫的自然姿势。

蛾蝶类、直翅目等昆虫需利用展翅板进行展翅。将昆虫虫体插入展翅板的凹槽内，使昆虫的身体与两侧板保持一定距离；在昆虫翅基部附近的板上插昆虫针，将翅平铺在板上。蛾蝶类需将前翅后缘调整至与身体垂直；蝇类和蜂类以翅尖端和头水平对齐为准；蜻蜓类需将后翅前缘调整为直线。之后调整翅，使整个虫体左右对称。调整中不可用手，需用镊子移动翅的位置，并用昆虫针固定，期间可用玻片或玻璃纸压住翅以方便调整。

（3）装标签

每个昆虫标本须有 2 个标签，其中采集标签应固定于三级台的第二级，鉴定标签应固定在第一级。

4. 昆虫标本识别

利用昆虫体视显微镜等设备，根据工具书中昆虫分类检索部分的内容进行标本鉴定，描述昆虫所属目、科的特征，鉴定常见昆虫所属种，并附标签。标签要求注明中文名、学名、鉴定人及鉴定时间。

5. 昆虫标本保存

将识别后的昆虫标本分类保存在标本柜中，针插标本需注意防灰尘、防日晒、防发霉、防蛀咬等，浸渍标本需定期更换保存液。

任务考核

根据表 9-1-1 进行考核评价。

表 9-1-1 昆虫标本采集、制作与识别考核评价标准

考核项目	考核内容	考核标准	赋分（分）	得分（分）	评价人
操作技能	标本采集	捕虫网、毒瓶等工具使用方法正确，昆虫采集种类和数量符合要求	20		
	标本制作	展翅板、整姿板、三级台使用方法正确；标本虫体完整，标签准确，制作数量符合要求	30		
	标本识别	标本识别准确，至少确定为科，识别数量符合要求	20		
	标本保存	分类整理好标本后妥善保存	5		
	清理场地	及时清场，不浪费材料，爱惜工具	5		
素质要求	出勤纪律	按时出勤（不迟到或早退），遵章守纪	5		
	学习态度	态度端正，积极认真，勇于实践	5		
	团队协作	小组成员团结协作，有集体观念	5		
	方法能力	学习方法灵活，能按时完成任务	5		
合计					

拓展坊

太阳能杀虫灯灭虫控害

可在校园中安装太阳能频振式杀虫灯，开展趋光性害虫灭虫控害工作。太阳能频振式杀虫灯是利用昆虫对不同波长或波段光的趋性不同的特性，将灯光波长设于特定范围内，通过光源引诱害虫撞击玻璃屏，害虫撞晕后自动滑落到集虫箱，达到灭虫控害作用。太阳能频振式杀虫灯可诱杀枣、苹果、梨、桃等果树的150多种害虫，杀虫谱广，诱虫量大，对果树成虫的控制效果明显，且使用方便，不产生抗性，对人、畜安全。

（1）开灯时间

春季（4月中下旬）开灯，9月中下旬撤灯。每天开灯时间设置为19:00至次日凌晨2:00。每晚监督开灯与否并记录气象信息，尤其是暴雨、大风等极端天气，会引起杀虫灯启动保护模式自动关闭，天气转好后，灯内湿度降低，但灯未自动打开，则需手动开灯。

（2）诱杀对象

主要诱杀鳞翅目和鞘翅目害虫中趋光性较强的种类，如金龟甲、灯蛾、夜蛾等。

（3）收集和统计

每周收集诱杀的昆虫，分类统计害虫、益虫的种类和数量，进行记录和分析。对于一些难以鉴定种类的昆虫，要在离心管中保存并编号。编号时标清采集日期，请专业人士鉴定后再补充到记录本中。

（4）杀虫灯保养

秋季用灯结束后要将灯内电源开关关闭，以保护线路安全。最好在灯外安置护灯罩，以减少雨雪及其他飘落物对灯的影响，保持灯体干燥清洁，防止金属固件生锈、电路老化。

活动坊

1. 完成小组所采集昆虫标本的目、科、属和种类名录。要求种类不低于 30 种。

2. 拍摄昆虫标本图片不低于 15 种。要求虫体清晰、完整，标签中信息准确、科学。

3. 制作昆虫针插标本 6 种，其中包括 3 种展翅标本和 3 种整姿标本。要求标本完整，制作规范。

任务 9-2　园艺植物病害标本采集、制作与识别

任务坊

任务目标

知识目标

1. 了解病害标本采集、制作、识别的常用工具种类。
2. 熟悉病害标本采集、识别的范围。
3. 掌握病害标本制作的基本步骤。

技能目标

1. 能够使用常用病害标本采集和制作工具。
2. 能够采集和制作病害标本。
3. 能够识别当地常见园艺植物病害。

素质目标

1. 培养透过现象观察本质的科学思维。
2. 培养服务农业的情怀和使命担当。

任务描述

病害标本的采集、制作与识别是园艺植物病害防治的基础工作。室外采集标本，是获取园艺植物病害标本的重要途径，也是熟悉园艺植物病害症状、了解园艺植物病害发生情况的最好方式。制作标本，是为了日后能较为方便地观察园艺植物病害的症状。本任务主要进行园艺植物病害标本采集、干制标本与浸渍标本制作及保存，为园艺植物病害的综合防治奠定基础。

任务准备

1. 器材及用具：标本夹、标本纸、绳子、采集箱、修枝剪、高枝剪、小刀、锯子、手持便携式显微镜、纸袋、塑料袋、小玻璃管、标签、镊子、记录本、铅笔等。

2. 植物材料：有病害症状的园艺植物。

3. 实训场所：植保实训室、校内外实训基地（包括蔬菜、花卉、果树等生产的保护地和露地）。

知识提示

1. 病害标本的采集工具。
2. 病害标本的采集方法。
3. 病害标本的类型。
4. 病害标本的制作和识别工具。

5. 病害标本的制作步骤。
6. 常用浸渍标本保存液的类型。

任务实施

【我的笔记】
农，天下之大本

1. 病害标本采集

在适当的采集时期，在病害现场选择症状典型的病害组织，用枝剪、小刀、锯子等将病害组织和周边部分健康组织一起采下来。真菌病害要采有子实体的，新病害要有不同阶段的症状表现（无性态和有性态齐全），以利于病害的诊断。

将腐烂的果实标本、柔软的肉质标本用纸袋分装或用纸包好后，放入采集箱并防止挤压。体型较小或易碎的标本，如种子、干枯的病叶等，采集后放入纸袋或广口瓶中。

采集标本的同时进行田间记录，记录内容包括寄主名称、发病情况、环境条件及采集的时间、地点和采集人等。

各种标本的采集应具有一定份数（5 份以上），以便于鉴定、保存和交换。

2. 干制标本制作

干制标本是简单而经济的方法，可保持园艺植物病害比较真实的形态，并便于长期保存。

叶、茎等水分不多、体积较小的标本，用 3~4 张标本纸压住吸收水分，然后将标本夹捆紧后置于室内通风干燥处。标本干燥越快，保持原色的效果越好。在压制过程中，要勤换纸、勤翻动，特别是在高温、高湿的天气，以防标本发霉变色。前面几天，每天换纸 1~2 次，此时标本变软，因此可将其整理为美观并便于观察的形状。之后 2~3d 换一次纸，直到全干为止。

较大枝干和坚果类病害标本以及高等担子菌的子实体，可直接晒干、烤干或风干。肉质、多水的病害标本应迅速晒干、烤干或放在 30~45℃的烘箱中烘干。易变褐的叶片（如梨叶）可放于经阳光照射的热河沙中以迅速干燥且保持原色。

3. 浸渍标本制作

幼苗、嫩枝、块根、果实类和柔软肉质的菌类子实体，为了保持标本色泽和症状特点时，可置于标本瓶中，根据需要配制适合的浸渍液进行浸渍。

（1）配制浸渍液

①配制普通防腐浸渍液　福尔马林、95% 乙醇、水的比例为 5 : 30 : 200。只防腐，不保色。

②配制绿色标本浸渍液　将醋酸铜缓慢加入 50% 醋酸中

配成饱和溶液（约 1000mL 50% 醋酸加 15g 醋酸铜），使用时加水稀释 3~4 倍。

③配制红色标本浸渍液　配制瓦查浸渍液（硝酸亚钴 15g、氯化锡 10g、福尔马林 25g、水 2000mL），以便长期保存红色标本。

（2）浸渍标本

将标本洗净，先在浸渍液中浸泡两周，之后取出保存于 37% 福尔马林、亚硫酸（饱和溶液）、95% 乙醇、水配比为 1：（3~5）：1：100 的浸渍液中。

（3）封口

封口方法有两种：暂时封口法，用蜂蜡和松香各一份，分别熔化后混合，加少量凡士林调成胶状，涂在瓶盖边缘，将盖压紧封实；永久封口法，用酪素胶和生石灰各一份，加水润成糊状，然后按上法封口。

4. 标本识别

利用体视显微镜等设备，根据工具书中病原物分类检索部分的内容进行标本鉴定，描述病原物所属门、属的特征，鉴定常见病原物所属种，并附标签。标签要求注明中文名、学名、鉴定人及鉴定时间。

5. 标本保存

将识别后的病害标本分类保存在标本柜中，需注意防灰尘、防日晒、防发霉、防蛀咬等。

任务考核

根据表 9-2-1 进行考核评价。

表 9-2-1　病害标本采集、制作与识别考核评价标准

考核项目	考核内容	考核标准	赋分（分）	得分（分）	评价人
操作技能	标本采集	能根据要求在现场采集病害标本，并做好记录	20		
	标本制作	能根据要求正确制作病害标本	30		
	标本识别	标本识别准确，识别数量符合要求	20		
	标本保存	分类整理好标本后妥善保存	5		
	清理场地	及时清场，不浪费材料，爱惜工具	5		
素质要求	出勤纪律	按时出勤（不迟到或早退），遵章守纪	5		
	学习态度	态度端正，积极认真，勇于实践	5		
	团队协作	小组成员团结协作，有集体观念	5		
	方法能力	学习方法灵活，能按时完成任务	5		
合　计					

拓展坊

病害玻片标本制作

对于园艺植物病害的病原物，可采用制作玻片标本的方式进行标本观察和保存。具体操作步骤如下：

（1）取样切片

常见方法有徒手切片法、刮涂法等。对于生长在园艺植物表面的病原物，可直接用挑针挑取或用解剖刀刮取少许放在载玻片上的水滴或其他浮载剂中，加盖玻片即可进行观察。对于园艺植物内部的病原物，可将选好的材料直接用刀片切成细片，或将材料夹在马铃薯、胡萝卜或向日葵茎之间后切薄片，然后将薄片用毛笔蘸水轻轻取下，放在有水的浅皿中，选择其中最薄的切片进行观察。如果能观察清楚，则作为封藏对象，进行下一步操作。

（2）染色

将选好的薄片放在染色器皿中进行染色。常用番红－固绿二重染色法和铁矾－苏木精染色法。

（3）制片

将染色后的病原物放在载玻片中央的水滴中，盖上盖玻片，之后用显微镜观察，注意玻片中不要产生水泡。

（4）封藏

对于病原物特征典型的切片，应长期保存。可用甘油明胶作浮载剂，待水分蒸发后，再用加拿大胶封固。

甘油明胶的制作方法：将 5g 明胶溶于 30mL 水中，加热至 35℃，熔化后加入 35mL 甘油和 1g 苯酚，搅拌均匀，趁热用纱布过滤后即配成。

活动坊

1. 识别小组所采集病害标本的名称和病原物所属的门、属名录。要求种类不低于 15 种。

2. 拍摄不少于 10 种的病害标本图片。要求病害症状清晰、完整，标签中信息准确、科学。

3. 制作病害干制标本、浸渍标本各 5 种。要求标本完整，制作规范，所配制浸渍液符合要求。

任务 9-3 园艺植物虫害防治

任务坊

任务目标

知识目标

1. 了解常见园艺害虫的种类、形态特征和分布。
2. 熟悉主要园艺害虫的生活习性和危害状。
3. 掌握主要害虫防治技术的要点。

技能目标

1. 能够利用常见园艺害虫的形态特征及危害特点准确识别害虫种类。
2. 能够针对常见园艺害虫制订切实可行的综合防治方案。
3. 能够实施常用的绿色防控技术。

素质目标

1. 培养绿色防控、精准施药的环保意识。
2. 引导注重知识和技能积累。
3. 培养崇尚知识的精神和勤学善思的习惯。

任务描述

不同种类的害虫具有各自的形态特征、生活习性及危害特点，防治措施也不尽相同。本任务以温室刺吸类害虫蚜虫和粉虱作为防治目标，制订有效的防治方案，并组织实施。

任务准备

1. 器材及用具：黄色黏虫板、丽蚜小蜂蜂卡、小管、便携式显微镜、镊子、记录本、口罩、一次性手套等。

2. 药剂：本地常用杀虫剂（乳油、微乳剂、水乳剂、悬浮剂、可湿性粉剂、可溶性粉剂、水剂、粉剂、粉尘剂、烟剂、片剂、种衣剂等剂型），带包装及说明书。

3. 实训场所：校内温室、果园，校外生产基地、农药销售部门等。

知识提示

1. 害虫绿色防控的内容。
2. 虫害生物防治的特点。
3. 虫害物理防治的特点。
4. 杀虫剂的定义和类型。
5. 杀虫剂的包装。

任务实施

1. 温室黏虫板使用

使用黏虫板属于物理防治措施，其原理是根据害虫的趋光性来达到诱杀害虫的目的。对于蚜虫、粉虱来说，黄色黏虫板对其诱杀效果明显，起到杀虫防病毒的作用；蓟马对蓝色有正趋向性，因此可悬挂蓝板来防治蓟马。

（1）制作黏虫板

用柠檬黄色或天蓝色万通板（或塑料板）或木板涂抹上述颜色的油漆，面积约 20cm × 30cm，然后均匀涂抹黏虫胶。要求双面诱杀，所用纸张要平整不卷曲，防水性能好，黏度高。也可直接使用购买的黏虫板。

（2）悬挂黏虫板

每亩均匀悬挂黏虫板 30 块以上。悬挂方向以板面朝向东西方向为宜。低矮绿叶蔬菜、花卉、瓜类蔬菜，黏虫板垂直底边距离植株 15~20cm，悬挂高度应随植株生长而调整；搭架植物顺行挂在两行之间。

（3）保持黏虫板的黏着性

每周重新涂抹一次黏虫胶以保证自制黏虫板的黏着性。当板上黏虫面积占总面积 60% 以上时，更换黏虫板。

2. 温室丽蚜小蜂释放

丽蚜小蜂主要用于防治温室蔬菜如番茄、辣椒、甜椒、茄子、黄瓜及花卉上的粉虱类害虫，效果显著。通过寄生粉虱若虫或直接取食粉虱若虫体液的方式杀死粉虱，防效可达到 90% 以上。

（1）释放前准备

闷棚：定植前清洁田园，闷棚 15d 或用药剂熏棚，可以杀死大量前茬病菌和害虫。

安装防虫网：在大棚上、下放风口和气窗安装 60 目防虫网，防止粉虱、蚜虫等小型害虫侵入。应当注意的是，安装防虫网后棚内温度会有所提高，可以适当提早放风或者延长放风时间，也可以适当增加防虫网的宽幅，加大通风面积。

（2）丽蚜小蜂释放

当温室大棚中刚见到粉虱或者园艺植物定植一周后，开始释放丽蚜小蜂。直接将蜂卡挂于植株中上部的枝条上，丽蚜小蜂羽化后会自动寻找粉虱，并寄生粉虱的若虫。每亩每次释放 10~15 个蜂卡（每个蜂卡不低于 200 个卵），隔 7~10d 释放一次。种植越冬作物的冬暖式大棚，一般在冬前释放 1~2

【我的笔记】

业精于勤，荒于嬉；行成于思，毁于随

次，冬后（3月初）释放2~3次；整个作物生长季共释放3~5次（共放10 000~15 000头）。春、秋两季作物的塑料拱棚释放1~2次（每亩2000~4000头）。塑料大棚秋季白粉虱数量较多，需要释放2~3次（每亩4000~6000头）。

（3）释放后管护

释放天敌后尽量不要使用杀虫剂，避免杀伤天敌。采用滴灌或膜下暗灌，控制棚室内湿度，促进丽蚜小蜂产卵，可间接增加防效。

3. 常用杀虫剂品种市场调查

①调查本地农业企业或农业植保站等单位所使用的杀虫剂、杀螨剂品种。

②调查本地农资店、农药经销部门、线上农药销售热点店铺销售的主要杀虫剂、杀螨剂的品种、剂型、价格。

③对所调查的杀虫杀螨剂品种进行统计，按照其包装和说明书，明确其防治对象、防治范围、施用方法和注意事项等。

任务考核

根据表9-3-1进行考核评价。

表9-3-1 园艺植物虫害防治考核评价标准

考核项目	考核内容	考核标准	赋分（分）	得分（分）	评价人
操作技能	温室挂板	挂板符合要求（高度适宜，数量合理，悬挂牢稳）	20		
	温室释放丽蚜小蜂	掌握释放前后温室管理状况和粉虱发生情况，释放时间适宜，数量科学	20		
	杀虫剂调查和选择	能根据防治对象的生理特性和危害特点选择适合的杀虫剂	15		
	制订温室害虫防治方案	方案清晰明了，防治方法科学、具体	20		
	清理场地	及时清场，尤其是农药及包装妥善处理，不浪费材料，爱惜工具	5		
素质要求	出勤纪律	按时出勤（不迟到或早退），遵章守纪	5		
	学习态度	态度端正，积极认真，勇于实践	5		
	团队协作	小组成员团结协作，有集体观念	5		
	方法能力	学习方法灵活，能按时完成任务	5		
合计					

拓展坊

制作水盆诱捕器诱杀果园梨小食心虫

目前，我国已经人工合成 50 余种重要昆虫性信息素，并制成相应性诱剂，逐渐大量应用于害虫种类鉴定、虫情测报、诱杀、干扰雌雄昆虫交配等，成为绿色防控的有效手段之一。昆虫性信息素在园艺植物害虫绿色防控中的应用日益广泛，现以水盆诱捕器诱杀梨小食心虫为例，开展性信息素防治，步骤如下：

（1）材料准备

提前购买梨小食心虫性信息素诱芯，口径约 20cm、高约 7cm 的绿色硬质再生塑料盆，铁丝等。

（2）制作水盆诱捕器

在盆沿下方 1.5cm 处钻 3 个排水孔（三孔连线呈等边三角形）。选任一个排水孔，在其对应处再钻一个孔（两孔连线为盆直径）。将细铁丝穿过诱芯橡胶塞小头，固定在盆口中心，诱芯口朝下。用 3 根细铁丝分别穿过排水孔，将一端固定在盆沿，另一端拉直并缠绕合并，套在一个较粗的铁丝钩上，确保塑料盆盆底与水平面平行。

（3）盆内加水

往盆内加清水至排水孔高度，在水中加入 1 勺洗衣粉，搅拌均匀，使落水飞蛾难以从水面逃逸。

（4）调节诱芯高度

调整铁丝高度，使诱芯底部距离水面 0.5~1.0cm。

（5）果园挂盆

3 月下旬挂盆。选择枝叶松散、树冠阴面较开阔处悬挂诱盆，避免挂盆处附近有楼房等高大障碍物。将诱盆铁丝钩直接挂在树枝上，高度以 1.8~3m 为宜。在树冠较矮的桃园或新栽果园中应尽量挂高。每亩悬挂 5 盆，边缘地带可适当多挂盆。面积较大的果园可均匀挂盆。

（6）诱盆管理

每晚调整铁丝高度，防止诱芯浸入水中失效。一周两次在盆中补水至排水孔高度。盛夏天热，需适当增加补水频率。下大雨后需补充洗衣粉。及时清除死虫和水中杂物，水脏时需换水。按照诱芯使用说明，定期更换诱芯。

活动坊

1. 以小组为单位，在温室中完成悬挂杀虫板和释放丽蚜小蜂的任务，并在完成任务前、后一周分别调查温室中蚜虫和粉虱的发生情况。

2. 将调查到的杀虫剂信息填入表 9–3–2 中，并在中国农药信息网中进一步了解各种杀虫剂的登记情况等。

表 9–3–2　杀虫剂信息

商品名	通用名	剂型	有效成分（%）	包装规格	售价	防治对象	注意事项	厂家名称

3. 编制一份温室蚜虫和粉虱的绿色防控方案，并在给出的杀虫剂中选择能防治温室蚜虫和白粉虱的高效低毒药剂种类，写入方案中。

任务 9-4　园艺植物病害防治

任务坊

任务目标

知识目标

1. 了解主要园艺病害的种类、分布、危害特点和流行规律。
2. 掌握主要园艺病害的常用药物和防治技术要点。

技能目标

1. 能够通过病征、病状和发生特点准确识别病害种类。
2. 能够针对常见园艺病害选择适合的杀菌剂，并制订切实可行的综合防治方案。
3. 能够配制常用农药。

素质目标

1. 培养灵活应变、解决实际问题的能力。
2. 培养安全使用农药的意识。
3. 培养爱岗敬业的职业素养。

任务描述

园艺植物病害会引起生长发育不良，甚至全株死亡，对园艺植物生产造成严重损失。本任务以葡萄霜霉病作为防治对象，编制综合防治方案并组织实施。

任务准备

1. 器材及用具：便携式显微镜、烧杯、量筒、试管、试管架、台秤、玻璃棒、研钵、试管刷、石蕊试纸、天平、铁丝、塑料桶（或木桶等）、镊子、记录本。

2. 试剂：硫酸铜、生石灰、风化石灰、本地常用的带包装杀菌剂（乳油、微乳剂、水乳剂、悬浮剂、可湿性粉剂、可溶性粉剂、水剂、粉剂、粉尘剂、烟剂、片剂、种衣剂等剂型）及其说明书。

3. 实训场所：实训室、校外生产基地、农药销售部门等。

知识提示

1. 病害的定义和分类。
2. 波尔多液的原料和配制方法。
3. 波尔多液质量检验的方法。
4. 常见园艺病害的症状和发生特点。
5. 防治主要园艺病害常用的农药种类。
6. 园艺病害综合防治方案的制订措施。

任务实施

【我的笔记】

动静屈伸，唯变所适

1. 波尔多液配制

波尔多液是以硫酸铜、生石灰和水按一定比例配制而成的天蓝色胶状悬浮液，呈碱性，有效成分为碱式硫酸铜，几乎不溶于水，不能储存，现配现用。

波尔多液有多种配比，由于葡萄对石灰敏感，可配制石灰半量式波尔多液（即硫酸铜：生石灰：水 =1：0.5：100）。为了配制质量优良的波尔多液，应选用高质量的原料：选择白色、质轻、块状的生石灰和蓝色结晶状的硫酸铜。

配制流程如下：

将稀硫酸铜溶液注入浓石灰乳中，即以 80% 的水量溶解硫酸铜，以 20% 的水量在非金属容器中消解生石灰调成石灰乳，然后将稀硫酸铜溶液慢慢倒入浓石灰乳中，边倒边沿同一个方向搅拌。

上述步骤也可调整为：用等量的水分别配成硫酸铜溶液和石灰乳液，然后同时倒入第三个容器中，边倒边沿同一个方向搅拌。

除了上述两种方法，还可分组用以下两种方法配制波尔多液。

①用 1/2 的水量溶解硫酸铜，用剩下 1/2 的水融化生石灰，然后将生石灰注入硫酸铜溶液，边倒边沿同一个方向搅拌。

②将上述稀硫酸铜溶液注入浓石灰乳方法中的生石灰用风化石灰代替，其余操作相同。

2. 波尔多液质量检查

可采用以下方法鉴别波尔多液的质量。

物态观察：质量优良的波尔多液应为天蓝色胶状悬浮液，若颜色呈灰蓝、暗蓝、偏绿等，质量均不佳。

石蕊试纸反应：用石蕊试纸测定所制波尔多液的酸碱性，以红色试纸慢慢变蓝为佳。

铁丝反应：将磨亮的铁丝插入波尔多液片刻，观察铁丝上是否有镀铜现象，若有铁丝发黑的镀铜现象，则说明质量不好。

滤液吹气反应：将波尔多液过滤后，取其滤液少许置于载玻片上，对液面轻吹约 1min，若液面上出现一层薄膜，说明质量良好。

静置：将配好的波尔多液静置 90min，分别记载 30min、60min、90min 时的沉淀情况和悬浮率。沉淀越慢越好，沉淀过快的不可用。

3. 常用杀菌剂品种市场调查

①调查本地农业企业或农业植保站等单位所使用的杀菌剂品种。

②调查本地农资店、农药经销部门、线上农药销售热点店铺销售的主要杀菌剂的品种、剂型、价格。

③对所调查的杀菌剂品种进行统计，按照其包装和说明书，明确其防治对象、防治范围、施用方法、注意事项等。

4. 制订葡萄霜霉病防治方案

根据葡萄霜霉病危害特点，科学、具体地制订防治方案。

任务考核

根据表 9-4-1 进行考核评价。

表 9-4-1　园艺植物病害防治考核评价标准

考核项目	考核内容	考核标准	赋分（分）	得分（分）	评价人
操作技能	波尔多液配制	原料称量、研磨及波尔多液配制等过程规范	20		
	波尔多液质量检查	能以不同方法对波尔多液进行质量检查	20		
	杀菌剂调查和使用	能根据防治对象的生理特性和危害特点选择适合的杀菌剂	15		
	制订葡萄霜霉病防治方案	能根据病害特点科学、具体地制订方案	20		
	清理场地	及时清场，尤其是农药及包装妥善处理，不浪费材料，爱惜工具	5		
素质要求	出勤纪律	按时出勤（不迟到或早退），遵章守纪	5		
	学习态度	态度端正，积极认真，勇于实践	5		
	团队协作	小组成员团结协作，有集体观念	5		
	方法能力	学习方法灵活，能按时完成任务	5		
合　计					

拓展坊

木霉菌在防治植物病害中的应用

木霉菌是世界范围内广泛分布的一类真菌，不仅具有良好的环境适应性，还对多种植物病害具有十分明显的防治效果。现有研究表明，木霉菌对多种植物病原真菌如立枯丝核菌、尖孢镰刀菌、核盘菌、葡萄孢属等，甚至对植物病原线虫和细菌都具有防治作用。

木霉菌的生物防治作用机制多样。一方面，木霉菌可对植物病原菌产生竞争作用、重寄生作用、抗生作用等，其中重寄生和抗生作用是木霉菌防治植物病原菌的重要机制；另一方面，木霉菌可对植物产生诱导抗性作用。同时，木霉菌作为土壤微生物的一个类群，能通过帮助植物吸收营养成分和产生植物生长调节剂，间接对植物生长或抗逆性产生良性影响。

据统计，木霉生防制剂在防治植物病害的真菌生防制剂中占 60% 以上，全球已有超过 250 种木霉菌商业化制剂登记上市，我国也有多个木霉制剂商品。目前，木霉菌可通过拌种、喷雾、灌根等施药方式，广泛应用于作物灰霉病、瓜类枯萎病等的防治。

木霉菌使用时除了必须遵从说明书的施用方法、剂量和稀释倍数外，还有一些注意事项：木霉菌本身为真菌，因此使用中不可混配杀菌剂；木霉菌预防效果好，治疗效果较弱，因此需把握在作物发病前或发病初期用药；避免阳光直射，以免紫外线影响菌体活性。

活动坊

1. 以小组为单位，完成波尔多液的配制和质量检查，并将检查结果填入表 9–4–2 中。

表 9-4-2　波尔多液质量检查结果

配制方法	静置不同时间上清液高度			物态观察	石蕊试纸反应	铁丝反应	滤液吹气反应
	30min	60min	90min				

2. 根据葡萄霜霉病的发病特点，编制一份葡萄霜霉病的绿色防控方案，并选择能防治葡萄霜霉病的高效低毒药剂种类，写入方案中。

模块5

园艺产品应用与营销

项目 10　花卉组合盆栽

任务 10-1　花卉组合盆栽设计

任务坊

任务目标

知识目标

1. 了解花卉组合盆栽的概念、特点及类别。
2. 熟悉花卉组合盆栽设计的原理及花卉生长习性。
3. 掌握花卉组合盆栽立意构思的技巧及作品命名、造型和色彩设计的要求。

技能目标

1. 能够依据表现主题的要求进行花卉组合盆栽设计。
2. 能够撰写设计方案和绘制设计图。

素质目标

1. 提升花文化自信和花文化传播的使命感。
2. 培养爱党、爱国情怀。
3. 培养无私奉献精神。

任务描述

花卉组合盆栽是通过选用几种生长习性相似的花卉，运用艺术的构图原理和配置方法，经过人为设计，将其合理搭配并种植在一个容器内的花卉应用形式。花卉组合盆栽观赏性强，色彩组合较为丰富，正在成为花卉业的主流产品。本任务主要根据花卉组合盆栽立意构思、作品命名、造型和色彩设计的要求，完成设计方案，为花卉组合盆栽制作奠定基础。

任务准备

1. 材料工具：纸（4 开）、铅笔、橡皮、针管笔、彩铅、水彩笔、马克笔等。
2. 场地：多媒体教室。

知识提示

1. 花卉组合盆栽的概念、特点及类别。

2. 花卉组合盆栽设计的原理及花卉生长习性。

3. 花卉组合盆栽立意构思的技巧及作品命名、造型和色彩设计的要求。

任务实施

1. 确定主题立意

可以由教师给定题目或主题思想，也可以是学生自由命题。

2. 立意构思

可以依据花卉的形态、质感、寓意和季相变化构思立意，也可以依据容器和配件构思立意，还可以依据作品造型构思立意。此外，还可依据诗词名句、传说、典故等构思立意。

3. 组合盆栽题名（命名）

可直接以材料题名，如“兰花图”；以题材题名，如“空谷幽兰”；以形象题名，如“仙女花园”；以诗词典故题名，如“小桥流水人家”“轻舟已过万重山”；以名胜古迹题名，如“洞庭春色”“漓江秋渡”。

4. 组合盆栽造型与色彩设计

组合盆栽造型设计要符合一般艺术的构图原理，基本要求是：构思新颖、立意鲜明；主次分明，以客衬主；疏密有致，虚实相宜；静中有动，顾盼呼应；情景写实；运用花艺制作技巧，整体美观大方，富有感染力。具体要求如下：

①作品设计新颖独特　立意新颖，寓意吉祥，利于销售。

②花卉选配与应用合理　种类多样，观赏性强，新鲜度好并符合主题；主花材突出，配材要考虑与主花材的相容性、形态搭配、色彩、质感及象征性（花语）等因素。

③花卉、盆器及饰品色彩自然，明快和谐。

④造型方法正确，作品整体协调统一　容器与花艺构图协调，花材间、花材与容器间协调；焦点花卉位于中心位置或稍偏一侧；视觉平衡，造型稳定，尺寸比例合适。

【我的笔记】

先天下之忧而忧，后天下之乐而乐

任务考核

根据表 10-1-1 进行考核评价。

表 10-1-1 花卉组合盆栽设计考核评价标准

考核项目	考核内容	考核标准	赋分（分）	得分（分）	评价人
操作技能	主题立意构思	构思新颖，寓意表达贴切、合理	20		
	组合盆栽命名	题名恰当，用词准确	15		
	组合盆栽造型与色彩设计	符合构图原理，富有感染力	40		
	清理场地	及时清场，不浪费材料，爱惜工具	5		
素质要求	出勤纪律	按时出勤（不迟到或早退），遵章守纪	5		
	学习态度	态度端正，积极认真，勇于实践	5		
	团队协作	小组成员团结协作，有集体观念	5		
	方法能力	学习方法灵活，能按时完成任务	5		
合计					

拓展坊

多肉植物组合盆栽

多肉植物组合盆栽制作的几个关键点：选择色彩丰富、品质好的多肉植物；要想作品吸引人，一定要选择与众不同、有特色的盆器；要了解多肉植物中不同品种的不同生态习性。进行多肉植物组合盆栽设计时，色彩选择上注意不同色彩的组合和同一色彩不同的深浅变化等，使组合盆栽作品富有色彩感染力。

缤纷色组合是 3 种以上色彩组合，色彩丰富，使人感觉很热闹，也很活泼。单色系组合是指同一颜色不同的深浅变化组合，很柔和，也很雅致。近似色组合指色环相邻的颜色组合，很温和，使人感觉很和谐。对比色组合指色环上相对的两组颜色组合，给人跳跃感，有一种对比的张力，两组颜色互相衬托。

活动坊

1. 完成花卉组合盆栽作品手绘图。

2. 完成花卉组合盆栽设计方案。

3. 说明花卉组合盆栽作品的命名（根据材料、题材、形象、诗词典故、名胜古迹等命名）及花卉组合盆栽主题立意的构思技巧及表达。

任务 10-2　花卉组合盆栽制作

任务坊

任务目标

知识目标

1. 了解花卉的形态特征、生态习性及象征意义。
2. 熟悉容器、基质的种类及特点。
3. 掌握组合盆栽花卉、花器及基质选择要求。
4. 掌握花卉组合盆栽的制作流程。

技能目标

1. 能够根据花卉组合盆栽设计要求完成作品制作。
2. 能够展示与讲解花卉组合盆栽作品。

素质目标

1. 增强爱护花草树木、保护环境的意识。
2. 增强对科学精神、工匠精神的认识。
3. 树立人与自然和谐共生的理念。

任务描述

本任务主要根据花卉组合盆栽设计方案和制作技术路线，进行组合盆栽花卉选择、花器及基质选择、花卉种植、装饰物及配件选用，制作搭配得当、观赏性强、养护方便的花卉组合盆栽作品。

任务准备

1. 器材及用具：培养土、盆底石、陶粒、肥料（缓释性颗粒肥）、盆底网、包装纸、夹子（或透明胶带）、花铲、镊子、剪刀、喷壶、各种容器等。

2. 植物材料：蝴蝶兰、仙客来、火鹤、凤梨、一品红、杜鹃花、长春花、常春藤、吊兰、网纹草、虎尾兰、白鹤芋、天门冬、绿萝、冷水花、变叶木、彩叶草、文竹、富贵竹、发财树、袖珍椰子、幸福树、竹芋类、铁线蕨、肾蕨、鸟巢蕨等。

3. 实训场所：温室。

知识提示

1. 花卉的形态特征及生态习性。
2. 花卉的象征意义。
3. 花器、基质的种类及特点。
4. 花卉整形修剪技术。

5. 花卉脱盆、种植技术。

6. 种植后管理。

任务实施

【我的笔记】

万物并育而不相害，道并行而不相悖

1. 花卉选择

进行组合盆栽时，一般一个容器中可组合种植 3~5 种花卉。花卉种类不宜过多，主花材 1~2 种。花卉必须具备以下条件：

①生态习性相近，便于养护管理。

②植株观赏性强、新鲜度好　具体表现为：株形良好，生长健壮；根系良好，枝、叶、花、果实等完好无机械损伤；无病虫害，生长较慢，中小型；色泽纯正，开花度合理。观花花卉花期要长，能持续开花。

③形态多样，变化丰富　植株高度一般为 20~60cm，有高、中、低 3 个层次及垂挂部分，达到错落有致的效果。应曲直和谐，刚柔并济。尽可能选择株形、叶形有差异的花卉种类，体现形态上的多样性。

④植株色彩变化丰富，避免单调，体现设计主题　尽量选择色彩有明显对比的花卉种类，达到色彩亮丽多变的效果；植株颜色与容器颜色相协调；饰品色彩要有对比，具有一定观赏效果；考虑摆放位置的环境、季节、用途等。

⑤避免选择以下花卉　有毒、多刺或能散发难闻气味的花卉；茎干柔弱的高秆花卉；叶形、叶色观感一般，生长松散的观叶花卉；花期很短的观花花卉。

2. 容器选择

一般花卉与容器的比例关系：花卉高度是容器的 1.6~2 倍。容器选择要考虑摆放地点，栽植花卉种类，容器质地、颜色、形状、高低与大小，以及排水性能、移动性、经久性、安全性、美观性、艺术性、价格等。

市场上的容器形式多样、款式新颖、生动有趣，日常用品或废旧物品或枯木等，都可作为组合盆栽的容器。

3. 基质选择

基质应具备清洁、无病虫害、保水保肥性好、排水性能好、通气性能好、酸碱性适宜等特点。常见基质种类有泥炭、腐叶土、水苔、珍珠岩、粗砂等，容器底部填充基质有陶粒、火山岩、赤玉土等，铺面用的基质有小石子、粗砂、麦饭石、风化岩、轻石（白色火山岩）等。

4. 花卉种植

①种植前铺盆底网，放入盆底石，填入培养土并施入肥料。

②植株处理 去除枯枝黄叶，采用装饰性强的彩色夹子或透明胶带固定植株。

③脱盆 保护根系、枝、叶、花、果实等器官，去除枯根、烂根。

④种植 首先种植主景花卉，然后依次种入配景花卉。考虑植株的形态、朝向、颜色、高度等，注意调整观赏面。

⑤填土压实 植株间土壤要求填实，土面距离容器口1~2cm。要求盆沿不露土。

⑥浇水 种植后将基质浇透水，叶片喷水清洗干净。

⑦清理场地 清理枯枝烂叶、洒落基质等，用干净抹布将容器表面擦干净。

5. 装饰物及配件选取应用

在容器的空隙处，可选择一些白色小石头、动物、人物、贝壳等物件加以点缀。饰品造型应生动有趣，但不宜过多；造型可适当夸张，但不宜过大。

任务考核

根据表 10-2-1 进行考核评价。

表 10-2-1 花卉组合盆栽制作考核评价标准

考核项目	考核内容	考核标准	赋分（分）	得分（分）	评价人
操作技能	花卉选择	生态习性、观赏性、新鲜度、形态及色彩变化符合设计要求	30		
	容器选择	容器的质地、颜色、形状、高低与大小等符合设计要求	10		
	基质选择	基质符合要求	10		
	花卉种植	方法正确，操作规范	20		
	装饰物及配件选取应用	装饰物及配件符合设计要求，应用合理	5		
	清理场地	及时清场，不浪费材料，爱惜工具	5		
素质要求	出勤纪律	按时出勤（不迟到或早退），遵章守纪	5		
	学习态度	态度端正，积极认真，勇于实践	5		
	团队协作	小组成员团结协作，有集体观念	5		
	方法能力	学习方法灵活，能按时完成任务	5		
合 计					

拓展坊

苔藓微景观

苔藓微景观主要是在玻璃器皿内，利用苔藓、小型观叶植物、隔水层、培养土、装饰砂、装饰石、配件等构成，制作流程简单，苔藓等盆栽植物易种植，装饰性强。

容器可以依据个人爱好进行选择，大致可分为密封瓶、悬挂瓶、创意瓶和传统鱼缸几类，其中密封瓶和创意瓶更受人们喜爱。密封瓶是“懒人”最喜欢的容器，密封的瓶器可有效防止瓶器内水分的蒸发，使其内喜欢潮湿的植物保持在一个适合生长的环境中。创意瓶是人们根据个人喜爱，通过创新思维而创作的一种容器，用于充分展现自己的个性。

植物一般选用狼尾蕨、网纹草、猪笼草、福禄桐、文竹、鹿角蕨等，蕨类植物是最常用的。此类植物形态美观、颜色翠绿，且生长环境与苔藓类似，喜欢湿度较高的环境。

活动坊

1. 进行花卉组合盆栽成本核算（包含花卉、容器、基质及饰品的规格及价格），完成花卉组合盆栽成本核算表（表 10–2–2）。

表 10–2–2　花卉组合盆栽成本核算

购买材料名称	单价	规格	数量	金额（元）
容器				
基质				
饰品				
花卉 1				
花卉 2				
花卉 3				
花卉 4				
花卉 5				
合　计				

2. 将花卉组合盆栽制作过程整理成报告，并制作 PPT 展示操作过程及作品。

项目 11　花坛设计及建造

任务 11-1　花坛设计

任务坊

任务目标

知识目标

1. 熟悉花坛在园林中的应用。
2. 掌握平面花坛设计的基本原理和方法。

技能目标

1. 能够设计不同用途的花坛景观。
2. 能够鉴赏花坛作品。

素质目标

1. 培养发现美、鉴赏美和创造美的职业素养。
2. 培养创新思维和创新意识。

任务描述

城市园林中的花坛形式和色彩多样，决定了花坛在设计上的多样性。无论从何种角度进行花坛设计，都是以观赏功能为基本点。本任务主要通过花坛主题设计、花卉材料选择、花坛平面和立面设计、花坛内部图案纹样设计及色彩设计，并绘制设计平面图，完成不同用途的花坛设计。

任务准备

1. 器材及用具：绘图纸、绘图笔、绘图尺、皮尺、钢卷尺、照相机、记录本、植物名录、辅材等。
2. 植物材料：各类应季花卉。
3. 实训场所：公园、校园。

知识提示

1. 花坛的概念。
2. 花坛的特点。

3. 花坛的类型。

4. 花坛设计要素。

任务实施

1. 城市绿地花坛调查

分小组调查所在城市主要绿地的花坛应用情况，选取 1~2 个较好的花坛实地测量并从外部轮廓、内部纹样、色彩搭配和花卉选择等方面进行评价。

2. 确定花坛设计主题

以小组为单位，在校园内自选环境，设计一个花坛。花坛的主题要与所选环境的周围建筑、道路相适应，与背景植物之间存在协调与对比的关系。例如，教学楼前的花坛可以突出学习主题，实验楼前的花坛以节能、安全为主题，图书馆前的花坛强调读书主题等。

3. 花卉材料选择和应用

花坛主体花卉材料以植株低矮、生长整齐、花期集中、株丛紧密、花色艳丽的种类为好，一般以一、二年生花卉为主（便于经常更换和移栽布置）。

花坛中心的花卉材料一般株形圆润，花叶美丽，姿态美丽规整；花坛边缘的花卉材料则要株丛紧密，开花繁茂美丽，稍微匍匐。

4. 花坛平面、立面设计

花坛的外部轮廓主要是几何图形或几何图形的组合。主景花坛外形是全对称的，作为建筑物的配景花坛可以单面对称。花坛的大小要适度，一般花坛的直径为 8~10m，带状花坛的长度为 2~4m，广场花坛大小为广场面积的 1/10~1/3。四面观的圆形花坛，一般中间高，倾斜角以 5°~10° 为宜；带状花坛的高度取决于种植土的厚度，1~2 年生花卉的种植土厚度为 20~30cm，多年生草本花卉和灌木的种植土厚度为 40cm。花坛的边缘设计边缘石、矮栏杆或种植一圈装饰性花卉。边缘石高度和宽度均以 10~15cm 为宜，矮栏杆高度不宜超过 40cm。

5. 花坛内部图案纹样设计

花坛内部图案要简洁，轮廓明显，表现大色块的效果。不同花卉组成的图案纹样宽度不同，纹样要富有民族特色，标记、文字、徽志类图案设计要严格符合比例；时钟、日历类纹样需精致准确。

6. 花坛色彩设计

同一色彩或近色调的花材种植在一起给人以柔和的感觉。

【我的笔记】

在此为美兮，在彼为蚩

对比色给人以活泼、华丽的感觉，多用于大型公园花坛中，花坛应有一个主色调，配色太多会显得杂乱无章（一般花坛 2~3 种颜色，大型花坛 4~5 种颜色），同时应注意色彩对人视觉及心理的影响。

7. 绘制设计平面图

根据节日气氛要求、当地气候条件以及平面构图原理等因素，选择适宜的花卉种类进行图案纹样、色彩设计，绘出花坛平面图。

8. 花坛设计评价

总结平面花坛的造型特点及设计体会。每组用 10min 时间汇报，教师和学生代表组成评委，对花坛设计平面图进行评价与成绩评定。

任务考核

根据表 11-1-1 进行考核评价。

表 11-1-1　花坛设计考核评价标准

考核项目	考核内容	考核标准	赋分（分）	得分（分）	评价人
操作技能	城市绿地花坛调查	报告翔实、准确，能客观评价城市绿地花坛的应用情况	20		
	确定花坛设计主题	设计主题与环境相协调，符合季节、节日等要求	10		
	花卉材料选择和应用	质地、颜色、形状、高低与大小等选择符合设计要求	15		
	平面、立面设计	整体造型美观，平面布置形式、立面高度及边缘设计合理	10		
	内部图案纹样和色彩设计	图案纹样清晰、准确，色彩设计合理	10		
	绘制设计平面图	平面图规范完整，图例清晰，说明准确	10		
	花坛设计评价	能正确、客观评价所设计的花坛	5		
素质要求	出勤纪律	按时出勤（不迟到或早退），遵章守纪	5		
	学习态度	态度端正，积极认真，勇于实践	5		
	团队协作	小组成员团结协作，有集体观念	5		
	方法能力	学习方法灵活，能按时完成任务	5		
合　计					

拓展坊

单面观赏花境设计

（1）种植床设计

单面观赏花境的种植床是带状的，两边是平行或近于平行的直线或曲线。依据环境空间的大小决定花境大小，其长轴长度不限，过长的种植床可分为几段；短轴以便于观赏为宜。

种植床依土壤条件及装饰要求可设计成平床或高床，并且应构筑 2%~4% 的排水坡度。平床用低矮植株镶边，如多年生草本花卉、常绿矮灌木、草坪带均可用来镶边。高床边缘用自然的石块、砖头、碎瓦、木条等垒砌。

（2）背景设计

单面观花境需要背景。花境的背景依场所不同可以设置为绿墙、绿篱、栅栏等。

（3）主体部分种植设计

①花卉选择　花卉材料较广泛，几乎所有的露地花卉均可选用，其中尤以宿根花卉、球根花卉最为适宜。

②色彩设计　色彩主要由花卉花色体现，也要适当运用叶色。设计中应巧妙地利用不同花色和叶色来创造景观效果，如冷暖色、对比色。

③季相设计　列出各季节或月份的代表花卉种类，考虑不同花色、株形的合理搭配，保证各季观赏效果。花境在温暖地区应四季有景可观，在寒冷地区应三季有景可观。

④平面设计　进行平面设计时，以花丛为单位，进行自然斑块状混植，每个斑块为一种植物的花丛。过长的花境，可设计花境单元，进行同式演进，但必须注意整个花境要有主调、配调和基调，做到多样和统一。

⑤立面设计　应充分利用植株的株形、株高、花形及质地等特性，创造出丰富美观的立面景观。

活动坊

1. 完成典型绿地花坛调查报告。
2. 完成花坛设计方案、设计图。
3. 完成实训报告。

任务 11-2　花坛建造

任务坊

任务目标

知识目标

1. 熟悉花坛建造的基本步骤。
2. 掌握平面花坛建造的方法。

技能目标

能够进行平面花坛的建造。

素质目标

1. 培养崇尚劳动的精神。
2. 树立正确的劳动观。

任务描述

花坛建造包含平面花坛种植施工和立体花坛种植施工。平面花坛可以按照设计图直接种植花卉材料或采取盆花摆放的形式，其中后者能快速成景，适用于节日庆典。本任务主要根据花坛设计方案，按照平面花坛建造基本步骤与方法，通过环境选择、花卉选择、整地、地形和边界处理、定点放线、花卉种植（摆放）和养护管理，完成平面花坛的建造。

任务准备

1. 器材及用具：尺子、粉笔等。
2. 植物材料：一串红、矮牵牛、鸡冠花、三色堇、万寿菊、秋海棠等。
3. 实训场所：校园。

知识提示

1. 盛花花坛的概念、设计与建造。
2. 模纹花坛的概念、设计与建造。

任务实施

1. 环境选择

依据设计的花坛类型，分小组讨论，确定建造花坛的环境，熟悉环境特点。

2. 花卉选择

依据季节、花坛类型和构图等选择适宜的花卉种类。

3. 整地

花坛的土壤必须深厚、肥沃、疏松，所以在建造花坛之

【我的笔记】

谁知盘中餐，粒粒皆辛苦

前一定要整地，将土壤深翻，去除草根、石头及其他杂物。如果栽植深根性花卉，还要翻得更深一些。如果土质较差或有建筑垃圾等，则应全部换成好土。根据需要，施加适量肥性平和、肥效长久、经充分腐熟的有机肥料作底肥。

4. 地形处理

花坛的地面应高出所在地块的地平面。平面花坛的表面不一定呈水平状，花坛用地应处理成一定的坡度。为了便于观赏和有利于排水，可根据花坛的用途决定坡的形状。若供四面观赏，可处理成尖顶状、台阶状、圆丘状等；如果只供单面观赏，可处理成一面坡式。

5. 边界处理

为了固定土壤，应做花坛边界。最简易的花坛镶边，用砖埋设成齿牙状即可，有条件的还可用水磨石、天然石块等修砌。花坛的外围最好立上低矮的栏杆加以围护，以保护花坛免受人为破坏。

6. 定点放线

对图案简单的规则式花坛，可根据设计图纸，直接用皮尺量好实际距离，并用灰点、灰线做出明显标记。如果花坛面积较大，可用方格法放线，在图纸上画好方格，按比例相应地放大到地面即可。

7. 花卉种植（或摆放）

计算每种花卉的种植数量或盆花的用量，注意保持合理的株行距。花苗的栽植间距要依据植株的高低、分蘖的多少等而定，以栽后不露出地面为原则。

按照操作规范正确进行种植或摆放。单个的独立花坛，应按由中心向外的顺序栽。一面坡式花坛应由上向下栽。

高度不同的植株混栽时，应先栽高的，后栽低矮的。宿根、球根花卉与一、二年生花卉混栽时，应先栽宿根、球根花卉，后栽一、二年生花卉。

8. 养护管理

花坛建好后要做好日常的养护管理。花苗栽好后，在生长过程中要适时浇水，以补充土中水分的不足。浇水的时间、次数和浇水量应根据气候条件灵活掌握。花苗所需要的肥料主要来源于整地时所施入的基肥，在生长过程中，可根据需要进行追肥。追肥时要注意不能污染花、叶，施肥后要及时浇水。花坛内的杂草与花苗争肥、争水，既妨碍花苗的生长，又会影响花坛的观赏效果，所以要及时清除。为了保持土壤疏松，还应经常中耕、松土，但中耕深度要适当，不能损伤花根。中耕后的杂草及残花、败叶要及时清除。

任务考核

根据表 11–2–1 进行考核评价。

表 11–2–1 花坛建造考核评价标准

考核项目	考核内容	考核标准	赋分（分）	得分（分）	评价人
操作技能	环境选择	花坛的风格应与周围建筑物的性质、风格、功能等相协调	5		
	花卉选择	质地、颜色、形状、高低与大小等选择符合设计要求	10		
	整地	整地规格符合要求，质量高	10		
	地形与边界处理	符合设计要求	10		
	定点放线	操作准确，误差小	15		
	花卉种植（或摆放）	方法正确，操作规范	15		
	养护管理	措施恰当，效果好	15		
素质要求	出勤纪律	按时出勤（不迟到或早退），遵章守纪	5		
	学习态度	态度端正，积极认真，勇于实践	5		
	团队协作	小组成员团结协作，有集体观念	5		
	方法能力	学习方法灵活，能按时完成任务	5		
合计					

拓展坊

立体花坛建造

（1）搭建构架

传统的立体花坛一般选用木制、钢筋或砖木等结构作为造型骨架，目前多采用钢材作为骨架的主要材料，且以轻质钢材为好，具有易弯曲、能形象地展示出图案的形状等优点。

首先用粗钢筋条搭建主体构架，之后用细钢筋条“编织”细节部位，形成网状结构，并在构架上安装吊钩。考虑到构架的安全性和可移动性，构架一定要结实，并且采取可拆卸的形式，以便于搬运、安装。另外，构架还要经过防锈、防腐等处理。

（2）栽植

立体花坛有两种栽植方式：一种是直接在搭建好的骨架上栽种花卉；另一种是先在搭好的骨架上固定卡槽等栽植容器，再通过卡槽栽种花卉。两种方式都需要填充物，即基质，种类有营养土、无机固定材料（如矿棉等）或传统的泥炭。栽植要均匀、紧凑，不留空隙，这样才能生长一致，色块自然、均匀。如果采用第一种方式（即直接栽种花卉），植株间需预留约 5cm 的生长空间。

以花卉为主体，也可以适量、恰当地使用辅助材料使花坛向立体化、多样化发展，如使用人造花卉或其他辅助材料。需要注意的是，非植物材料只能在特殊情况下适当选用，如寒冷恶劣的气候条件、高空悬挂、特殊位置以及供远望观赏等，它只能是一种补充，绝不可多用、滥用，否则就不是真正意义上的花坛了。

（3）综合养护管理

为了确保立体花坛有较长的观赏期，必须加强后期的综合养护管理，主要包括肥水管理、定期修剪、病虫害防治等。

活动坊

1. 花坛建造现场评比。
2. 平面花坛建造体会总结。

项目 12 花艺设计与制作

任务 12-1 东方花艺设计与制作

任务坊

任务目标

知识目标

1. 熟悉东方花艺的特点。
2. 掌握东方花艺典型花型的制作。

技能目标

1. 能够选择东方花艺适宜的花材和花器。
2. 能够制作典型的东方花艺作品。

素质目标

1. 培养敬业、乐业的精神。
2. 提升对中国传统文化的自信心。

任务描述

东方式插花以优美的线条、深邃的意境、简洁的花材、清新淡雅的配色勾画出各种不对称的图形，艺术效果清新秀丽、清雅脱俗、富有诗情画意。本任务主要通过主题选择、花材和花器选择（根据环境、主题、意境等选择）、花材加工和作品插作，制作典型的东方花艺作品。

任务准备

1. 器材及用具：针盘、花泥、剪刀、小刀、胶带、铁丝等。
2. 植物材料：鲜切花。
3. 实训场所：花艺设计与制作理实一体化教室。

知识提示

1. 东方花艺基本花型的结构。
2. 直立式花型的特点。

任务实施

1. 选择主题

依据环境特点选择直立式东方花艺类型，确定表达主题和意境。

2. 花材选择与加工

按主题选择适宜的花卉材料。直立式花艺插作采用具有直立性的垂直线条，表现其刚劲、挺拔或亭亭玉立的姿态，给人以端庄、稳重的艺术美感。主枝一般应用线形花材。为了丰富花艺作品的立体感，在三大主枝周围缝隙处依次插入团状花材和点状花材。对花材进行初步整理，去掉多余叶片。

3. 容器选择

直立式插花宜选小口阔肚、具有一定高度的规则式容器，容器色彩以稳重的单色为主。

4. 直立式插花

直立式插花遵循东方式插花构图原理，插作花枝上散下聚、上轻下重，花、叶之间高低错落，符合植物生长的自然规律。

三大主枝的插入位置及高度：第一主枝直立插入容器中花插中心位置或花泥偏后位置（根据花枝的姿态，可稍倾斜，但前后倾斜不得大于 15°，左右倾斜不得大于 30°），高度是容器高度与宽度之和的 1.5~2 倍；第二主枝的高度一般为第一主枝高度的 1/2~3/4，长度为第一主枝的 1/2~2/3，依据第一主枝的势态，倾斜 30°~45° 左、右插入；第三主枝高度为第二主枝高度的 1/2~3/4，长度为第二主枝的 1/2~2/3，呈 45° 插于作品前方，位于花器正中，三大主枝连线呈不等边三角形。

依据主题可以适当选择配件，使花型完整饱满、寓意突出。最后整理作品。

5. 清理现场

作品制作完成后，要及时清理现场。

任务考核

根据表 12–1–1 进行考核评价。

【我的笔记】

春蚕到死丝方尽，蜡炬成灰泪始干

表 12-1-1 东方花艺设计与制作考核评价标准

考核项目	考核内容	考核标准	赋分（分）	得分（分）	评价人
操作技能	选择主题	主题要与环境相协调，符合季节、意境等要求	10		
	花材选择与加工	花材种类、颜色、形状等符合东方花艺设计要求，整理加工适当	20		
	容器选择	容器类型、质地、色彩、图案、大小等符合设计要求	20		
	构图、比例	构图正确、比例恰当，线条优美，符合花型要求	20		
	非植物材料选取和应用	符合设计要求，应用合理	5		
	清理现场	及时清场，不浪费材料，爱惜工具	5		
素质要求	出勤纪律	按时出勤（不迟到或早退），遵章守纪	5		
	学习态度	态度端正，积极认真，勇于实践	5		
	团队协作	小组成员团结协作，有集体观念	5		
	方法能力	学习方法灵活，能按时完成任务	5		
合　计					

拓展坊

东方式插花其他常见花型

（1）倾斜式

倾斜式插花是以第一主枝倾斜插于花器的一侧为标志，着重表现其倾斜之美。常利用一些自然弯曲或倾斜生长的枝条，表现其生动活泼、富有动态的美感，宜平视观赏。总体轮廓应呈倾斜的长方形，即横向尺寸大于高度，才能显示出倾斜之美。这种形式具有一定的自然状态，如同风雨过后被吹压弯曲的枝条，重新向上生长，蕴含着不屈不挠的顽强精神，又有临水之花木疏影横斜的韵味，姿态清秀雅致。常用的花材有碧桃、梅花、榆叶梅、松等。

插作时第一主枝的位置在垂直线左、右各 30° 至水平线以下 30° 的范围内。确定第一主枝位置时，尽可能避开与花器口水平线相交的位置。第二、第三主枝围绕第一主枝进行排列变化，以与第一主枝形成最佳呼应为原则，可以是直立状，也可以是下垂状。

（2）下垂式

下垂式插花又称悬崖式插花，是以第一主枝在花器上悬挂下垂作为主要造型特征的插花形式。形如高山流水、瀑布倾斜，又似悬崖上的古藤悬挂。总体轮廓应呈下斜的长方形，瓶口上部不宜插得太高。要求枝条柔软，轻疏流畅，线条简洁而又夸张，多利用蔓性、半蔓性以及花枝柔韧易弯曲的花材，如连翘、垂柳、常春藤等，表现其修长飘逸、弯曲流畅的线条美，画面生动而富装饰性。下垂式插花较多应用于较高的花器，或壁挂、吊挂和放置在高处，宜仰视观赏。对花材的长度没有明显的限制，可长可短，主要是根据花器大小和摆放位置、环境来决定。

（3）平卧式

平卧式插花的构图形式主要表现在第一主枝平行伸展，3 个主枝基本上在一个平面上，造型如地被植物匍匐生长，枝条间没有明显的高低层次变化，只有向左、右平行方向长短的伸缩。但每一枝花的插入也是有长有短、有远有近，也能形成动势。一般情况下，枝条在水平线上、下各 15° 的范围内进行变化。各枝条之间应构成一定的平稳关系，但不是绝对的水平。平卧式插花适宜在餐桌、茶几布置，要避免遮挡就餐人或谈话人的视线；还适合在俯视的装饰环境摆设，给人以平稳、安静的感觉。常用具有平展姿态的木本花材及质感柔顺的切花花材，如梅花、银芽柳、马蹄莲、非洲菊、石榴等。

活动坊

1. 完成东方花艺典型花型插花作品，总结插作注意事项。
2. 提交实训报告。

任务 12-2　西方花艺设计与制作

任务坊

任务目标

知识目标

1. 熟悉西方花艺的特点。
2. 掌握西方花艺典型花型的制作。

技能目标

1. 能够选择西方花艺适宜的花材和花器。
2. 能够制作典型的西方花艺作品。

素质目标

1. 培养主动学习、勇于实践、不断创新的意识。
2. 培养刻苦钻研的工匠精神。

任务描述

西方式插花受西方建筑学、雕塑学以及色彩学、透视学的影响，强调理性和色彩，以规则的几何外形为根本，花繁叶茂，色彩浓艳热烈，极富装饰美。本任务主要通过主题选择、花材和花器选择、花材加工和作品插作，制作典型的西方花艺作品。

任务准备

1. 器材及用具：针盘、花泥、剪刀、小刀、胶带、铁丝等。
2. 植物材料：鲜切花。
3. 实训场所：花艺设计与制作理实一体化教室。

知识提示

1. 西方花艺基本花型的结构。
2. 西方花艺常见基本花型。

任务实施

1. 确定主题

依据环境特点、节日庆典等选择西方花艺类型（扇形），确定表达主题。

2. 花材选择与加工

根据主题选择适宜的花卉材料，初步进行整理和加工，并把浸泡好的花泥取出备用。

【我的笔记】

书山有路勤为径，学海无涯苦作舟

3. 容器选择

根据扇形插花的特点，选择适宜的容器，注意考虑容器与环境以及表达主题的关系。

4. 花型插作

按照扇形插花构图、比例原则的要求插作。

①先插入骨架花，确定扇形轮廓　一般采用四枝定位法：容器中心偏后插入第一枝，确定作品的高度；容器两侧对应位置分别插入第二、第三枝，确定作品的宽度；容器正前方插入第四枝，确定作品的厚度。

②在四枝连线的轮廓范围内插入焦点花、主体花，形成花型立体结构，最后插填充花材及叶材、果材等，完成花型。

③依据主题可以适当选择配件，使花型完整饱满、气氛突出。最后整理作品。

5. 清理现场

作品制作完成后，要及时清理现场。

任务考核

根据表 12-2-1 进行考核评价。

表 12-2-1　西方花艺设计与制作考核评价标准

考核项目	考核内容	考核标准	赋分（分）	得分（分）	评价人
操作技能	确定主题	主题要与环境相协调，符合季节、节日、庆典等要求	10		
	花材选择与加工	花材种类、颜色、形状等符合西方花艺设计要求	20		
	容器选择	容器类型、质地、色彩、图案、大小等符合设计要求	20		
	花型插作	构图正确、比例恰当，技法运用合理，符合花型要求；非植物材料选择符合设计要求，应用合理	25		
	清理现场	及时清场，不浪费材料，爱惜工具	5		
素质要求	出勤纪律	按时出勤（不迟到或早退），遵章守纪	5		
	学习态度	态度端正，积极认真，勇于实践	5		
	团队协作	小组成员团结协作，有集体观念	5		
	方法能力	学习方法灵活，能按时完成任务	5		
合　计					

拓展坊

西方式插花常见花型

（1）新半球形

新半球形插花是半圆球形造型，比较规整，是四面观花型，适合在餐桌、会议桌或茶几摆设，也是花束和花篮插花的常用花型。插花要点是：色彩搭配要注意调和且同色不相邻；花型要丰满、圆润，表面不能凹凸不平。花器选择低矮平盘最合适，突出半球，呈丰满感。所用的花材长度基本一致，一般选用团块状花材，如香石竹、菊花等。虽称为半球形，但由于视觉上的错觉，插作时垂直花轴应高于底边直径的 1/2 才看起来更似半球，从各个方向看高度、宽度均平衡。

（2）L 形

L 形插花因其表现的形态与英文字母“L”相似而得名，这是一种不对称的花型，宜单面观赏，适于摆放在窗台或转角的位置。基本造型要求是：垂直轴在花器左侧后方；左边的横轴和前轴较短，约为垂直轴的 1/4，主要是为了使花型具有一定的立体感；右边的横轴与垂直轴的比例要适宜，一般为垂直轴的 1/2~3/4，只有在此比例范围内才能够表现出比较明确的造型。如果横轴过长，重心就会出现偏差，整个作品就会出现失衡；反之，横轴过短，就会失去 L 形的特点。

（3）新月形

新月形也称为弯月形，是由自然弯月的形状构思出来的造型，因具有优美的弧度，所以成型时需要注意线条的流动感。新月形具有强烈的曲线美，甚具观赏价值。花器不宜太高，口部宽阔的花器最为合适。很适合于背面有圆形镜子或圆盘作背景，使用场合广泛，如装饰客房、家庭居室等。

新月形造型属不对称构图，是单面观花型，两头尖、中间宽，外形弯成曲线。左边较长，占弯月长度的 2/3，右边占 1/3，重心在弯月的 2/3 部分。主枝在容器中以弧形左、右向上抱合成新月形，构图轻巧、柔和。

（4）三角形

三角形为单面观赏的插花造型，可以是等边三角形或等腰三角形，给人以整齐、庄重之感，适于装饰会场、大厅、教堂，常用浅盘或较矮的花瓶作容器。

活动坊

1. 完成西方花艺典型花型插花作品，总结插作注意事项。
2. 提交实训报告。

项目 13　园艺超市与果园设计

任务 13-1　园艺超市设计

任务坊

任务目标

知识目标

1. 了解园艺超市的发展趋势。
2. 理解园艺超市的意义及作用。

技能目标

1. 能初步设计园艺超市。
2. 能独立绘制超市设计图。

素质目标

1. 培养对新事物、新信息的洞察力。
2. 培养勇于创新、开拓进取的精神。

任务描述

园艺超市是面向广大普通消费者，以销售各类园艺植物苗木和产品、容器、园艺工具等为主要业务的零售企业。园艺超市一改传统花卉市场以租赁摊位为主的方式，以现代超级市场的经营方式，专业化的服务态度，灵活多样的制作方式，给消费者带来一种新的购物体验。本任务以小组为单位，每组以园艺植物为主要产品，通过布局设计、其他设计，并绘制设计图，完成一个 $1000m^2$ 的园艺超市的设计。

任务准备

1. 器材及用具：多媒体、记录本、植物名录、辅材等。
2. 植物材料：各种园艺植物。
3. 实训场所：校园、实训室。

知识提示

1. 园艺植物的特性与分类。
2. 园艺植物的价值与应用。

任务实施

【我的笔记】

不登高山，不知天之高也；不临深溪，不知地之厚也

1. 园艺超市设计案例分析

分小组学习和讨论搜集到的园艺超市设计案例，分析各个案例的长处和不足之处。

2. 布局设计

通过布局设计，合理确定各个区域的位置关系、规划面积等。

（1）店内门窗及通道

园艺超市的门窗需要使用玻璃这种透视性强的材料，增加开放的视角感受，更加容易吸引顾客。同时超市内的通道也不宜太窄，方便顾客进出。

（2）出口和入口

出口和入口分开，设计合理的路线，便于引导顾客采购。同时要设计应急通道，以便于发生突发事件时疏散客户。出口处的收银台要与过秤处分开，以节约付款时间（不要让顾客等待超过 3min）。

（3）货品展示区

依据园艺超市设计理念划分各区的面积，不同的区域选择适宜的园艺植物陈列；在局部区域可以装上镜子，使超市看上去品种繁多，更加抢眼。

（4）DIY 区

园艺超市出售的不仅是一件件园艺植物商品，更是一种创新的生活理念。要规划顾客进行动手制作的区域，顾客可以将园艺植物与简易雕塑、生活小品一起组合成一件园艺景观作品，然后作为一件商品购买。

3. 其他设计

（1）展示架设计

园艺超市的展示架防水性能要好，园艺植物养护和水果、蔬菜保鲜需要经常洒水。水果和部分蔬菜容易碰伤，装水果和部分蔬菜的架子不能有棱角。同时盛装水果和蔬菜的架子边缘不能太高，以刚好盛放下 1~2 层为好。

（2）店面广告等设计

园艺植物等的名称标牌、价格标牌，以及各个区域标志牌、墙面、天花板（吊旗及绿色自然装饰）等都需要系统设计。

店面广告要以简洁的形式、新颖的格调、和谐的色彩突出超市的形象。包括：灯箱、门面海报、发光字、吊旗等。

进行天花板装饰设计时，可以在局部顶面区域悬挂一些

绿色的塑料枝叶和仿真水果，突出园艺超市的自然、绿色、健康理念。灯光要突出园艺植物的自然色泽，适宜选择高亮度的日光灯，以免出现色泽偏差问题。顶面吊顶采用局部吊顶，或者不吊顶只进行灯条的布置。

4. 绘制设计图

绘制设计图，完成图例标注及设计说明。

任务考核

根据表 13-1-1 进行考核评价。

表 13-1-1　园艺超市设计考核评价标准

考核项目	考核内容	考核标准	赋分（分）	得分（分）	评价人
操作技能	案例分析	客观分析案例的主题、优缺点等	10		
	布局设计	分区合理，各区面积合理	25		
	其他设计	符合要求	15		
	绘制设计图	设计图准确、完整，图例及设计说明符合设计要求	30		
素质要求	出勤纪律	按时出勤（不迟到或早退），遵章守纪	5		
	学习态度	态度端正，积极认真，勇于实践	5		
	团队协作	小组成员团结协作，有集体观念	5		
	方法能力	学习方法灵活，能按时完成任务	5		
合　计					

拓展坊

园艺超市设计理念

（1）以品牌形象塑造为主导

园艺超市设计要以品牌形象塑造为主导，结合地理因素条件，营造出生动活跃的品牌空间氛围，以差异化和深刻记忆吸引消费者，实现精准战略定位。

（2）以营销为目的

园艺超市设计要以营销为目的，一切设计为商品服务，从出入口设计到收银台设计，超市的所有设计都是利用各种设计元素去突出商品的特征，让顾客最方便、最直观、最清楚地接触商品，刺激消费者购物的欲望，从而带动消费，达到赢利的目的。

（3）以体验为中心

园艺超市设计要善于结合消费者的购物心理、购物习惯、购物需求、购物行为等，最大限度地优化顾客购物体验，更大程度地方便消费者，满足不同年龄层消费者的需求。

（4）实用

园艺超市设计要以实用为基准。超市布局与设计要与超市场地相结合，要区别于其他超市，突出自身的特点。

活动坊

1. 园艺超市设计案例分析。
2. 园艺超市设计方案、设计图。

任务 13-2 采摘果园设计

任务坊

任务目标

知识目标

1. 掌握采摘果园设计的基本原则。
2. 熟悉采摘果园设计的基本程序。

技能目标

1. 能够正确分析采摘果园主要项目技术要求。
2. 具有一定的设计采摘果园的能力。

素质目标

1. 培养获取、分析和有效利用信息的能力。
2. 树立生态农业的理念，增强建设生态文明社会的责任感。

任务描述

采摘果园的出现，改变了传统单一的生产经营方式，促进了旅游业与园艺生产、服务业的融合发展。本任务学习以采摘当地特色果品为主的采摘果园的设计，并绘制设计图。

任务准备

1. 器材及用具：记录本、植物名录、绘图工具等。
2. 实训场所：校园、实训室。

知识提示

1. 果树的种类或品种及其特性。
2. 采摘果园设计的基本原则。
3. 景观设计的基本知识。

任务实施

【我的笔记】

时人不识凌云木，直待凌云始道高

1. 分析采摘果园设计案例

分小组学习、讨论查阅和搜集到的采摘果园设计的案例，分析各个案例的长处和不足之处。

2. 选择园址

对外经营的采摘果园，要选择在有水源、不积水、土质好同时交通方便的地方。一般选在城市郊区、景区附近、国道或省道等主干道边上，以及其他人流量大的地方，为后续的采摘和销售奠定基础。

3. 选择果树树种及品种

采摘果园的果树树种及品种的选择要具有代表性，一般为本区域特色果品的主栽树种或品种，既要适应当地的气候条件，又要符合消费者的需求和消费习惯。宜优先选择果实小、好看、好吃的果树树种及品种，成熟期较早或较晚的果树树种及品种，以及市场上比较少见的果树树种及品种等。不宜选择不能即时品尝、不便于采摘、缺乏采摘乐趣的果树树种及品种。

采摘果园果树种类一般要根据规模和管理水平来确定，种类越多，越难管理。具有一定规模、管理水平高的果园，种类及品种可以丰富些；相反，则配置时要结合自身的条件，尽量少选几个种类。

4. 配置果树树种及品种

同一科的果树有相同的病虫害，不宜混栽。一般每个品种的面积控制在 5~20 亩，既不宜太小，也不宜过大。

5. 设计配套设施

设计游步道、防风林、排水沟、蓄水池、灌溉设施及科普标识牌等。

6. 设计种植布局

将果园分为采摘区、游道区和景点区 3 个区域进行种植设计。为了方便管理，可以为每一种果树专门划分一片区域。另外，还应当设计果树设施栽培区，以延长观光时段，使四季品鲜果、隆冬赏花开成为现实。

7. 设计附加功能

将采摘、生态、休闲、科普有机地结合在一起，改变传统单一的生产经营方式。如设计以科普和文化等为主题的多种活动项目，普及果品知识，展示现代化的栽培技术，使果园采摘与科普教育相结合；挖掘果品传统文化元素，赋予采摘果园独特的文化内涵。

8. 绘制设计图

绘制设计图，完成图例标注及设计说明。

任务考核

根据表 13–2–1 进行考核评价。

表 13-2-1 采摘果园设计考核评价标准

考核项目	考核内容	考核标准	赋分（分）	得分（分）	评价人
操作技能	案例分析	能客观分析案例的优缺点等	10		
	园址选择	符合对水源、地形、地势、交通条件等的要求	5		
	果树树种及品种选择	树种及品种有代表性，数量选择与果园规模和管理水平匹配	10		
	果树树种及品种配置	树种及品种配置科学、方便管理	10		
	配套设施设计	设施功能齐全，标准高	10		
	种植布局设计	布局合理，景观效果好	10		
	附加功能设计	体现采摘、生态、休闲、科普等有机融合	5		
	绘制设计图	绘图准确、完整，图例及设计说明符合设计要求	20		
素质要求	出勤纪律	按时出勤（不迟到或早退），遵章守纪	5		
	学习态度	态度端正，积极认真，勇于实践	5		
	团队协作	小组成员团结协作，有集体观念	5		
	方法能力	学习方法灵活，能按时完成任务	5		
合计					

拓展坊

农业生态园规划设计

农业生态园是在观光园内采用生态园模式进行农业的布局和生产，将农业活动、自然风光、科技示范、休闲娱乐、环境保护等融为一体，实现生态效益、经济效益与社会效益的统一。农业生态园的规划设计以生态学理论为指导思想，采用生态学原理、环境技术、生物技术和现代管理机制，使整个园区形成一个良性循环的农业生态系统。

（1）农业生态园功能分区规划

依据资源属性、景观特征及现存环境，在考虑保持原有自然地形和原有生态系统完整性的基础上，结合未来发展和客观需要，采取适当的设计实现园内的功能分区。

①生态农业示范区　是农业生态园的核心部分，其规划设计应以生态学原理为指导，遵循生态系统中物质循环和能量流动的规律。园区所采用的生态农业类型中既要包含生产者、消费者，也要有分解者。

②观光旅游区　设计时，着重把农业、生态和旅游业结合起来，利用田园景观、农业生产活动、农村生态环境和生态农业经营模式，吸引游客前来观赏、品尝、习作、体验农事、健身、科学考察、环保教育、度假、购物等。

③科普教育功能区　农业科普是开发农业资源、利用农业资源的新方式。设计科普教育功能区，可为我国农业和科普事业的发展提供良好的环境。

（2）农业生态园园路和给水排灌工程规划

①园路规划　依照园林规划设计思路，从使用功能出发，根据地形、地貌、功能区域和风景点的分布，并结合园务管理活动需要，综合考虑，统一规划园路。

②给水排灌工程规划　农业生态园以生产有机农产品为主，园内农业生产需要有完善的灌溉系统，同时考虑到环保及游人、园工的饮水需求，应进行给水、排水系统的规划。

（3）园区绿化设计

农业生态园内的绿化规划均以不影响园内生态农业运作和园内区域功能需求为前提，结合植物造景、游人活动、全园景观布局等要求进行合理规划。

活动坊

1. 分析采摘果园设计案例。
2. 完成采摘果园设计方案、设计图。

项目 14　园艺产品营销策划

任务 14-1　开店宣传策划

任务坊

任务目标

知识目标

1. 了解给店铺起名的基本要求。
2. 掌握为店铺设计商标（Logo）的基本要求。
3. 掌握广告语撰写的基本要求。

技能目标

1. 能够为店铺起一个有特色的、让人印象深刻的名称。
2. 能够设计有一定美感和识别度的店铺 Logo。
3. 能够为店铺撰写朗朗上口的广告语。

素质目标

1. 培养审美情趣。
2. 培养善于观察、独立思考的能力。
3. 引导树立终身学习的理念。

任务描述

店铺名称、商标和广告语是快速地把店铺的经营理念传播给消费者，增强店铺的影响力，进而带来更高的营业收入的重要途径。本任务主要进行店铺命名、设计 Logo 和创作广告语，用于店铺铺面装饰或刊印在宣传页上。

任务准备

1. 店铺选择：选择与所学专业相关的店铺，如花店、水果店等。
2. 实训场所：校内、校外等。

知识提示

1. 产品策略中品牌的含义和功能。
2. 市场定位的内化和策略。
3. 促销策略中的广告宣传。

任务实施

【我的笔记】

学而不已，阖棺而止

1. 店铺命名

各组可以自己给店铺命名，也可以通过多种途径进行征集，如向全校有奖征集店铺名称等，再从征集到的店铺名称中筛选满意的店铺名称。选择店铺名称时主要考虑是否能快速地把店铺的经营理念传播给消费者，同时要有个性和独特性，简洁明快、易读易记。此外，要及时对店铺名称进行注册，以求得法律的保护。

2. Logo 设计

（1）用设计软件设计

Logo 一般由文字、图形、符号或者文字和图形的组合来表示，置于商品的表面或商品的包装上。商标设计是商标创意的体现和表达，是用文字或艺术手段将商标构思具体化、成果化。可以用 Behance、Envato Studio、Logo Maker、Design EVO、Master Go、Sketch 和可画在线设计协作平台等设计软件设计商标。

①确定设计形式　从文字、字母、组合、图形、吉祥物、抽象、徽章式中选择一种设计形式。

②选择设计风格　根据 Logo 风格选择模板，如极简风、重叠式、负空间、渐变、几何、线条感等。

③创意编辑　通过点击模板中的元素进行创意编辑。

④下载保存　设计完成后，下载保存。

（2）手绘

有绘画基础的小组也可以手绘设计 Logo，要构思独特、突破常规、简单明了、与众不同。设计的商标要具有创新性、独特性、识别性，不得出现地理名称，设计英文商标时不得出现姓氏的含义，切忌采用数字作为商标以及不得违反相关法规。

3. 创作广告语

广告语不仅需要朗朗上口，让人印象深刻，还需要体现店铺在一定时期的市场定位。运用对偶句式、谐音双关、拟人修辞、对比手法、经典语言、质朴语言、押韵口诀、幽默手法等广告语创作方法为店铺写出简短易记、突出特点、明白易懂、朗朗上口、号召力强、新颖独特、市场定位（主题）突出的广告语。字数以 6~12 个字（词）为宜，一般不超过 12 个字（表 14–1–1）。

表 14-1-1　广告语与市场定位

序号	广告语	市场定位
1		
2		
3		
4		
5		

任务考核

根据表 14-1-2 进行考核评价。

表 14-1-2　开店宣传策划评价标准

考核项目	考核内容	考核标准	赋分（分）	得分（分）	评价人
操作技能	店铺名称	简短易记、突出特点	25		
	商标设计	新颖独特、突出审美	30		
	广告语	朗朗上口、定位准确	25		
素质要求	出勤纪律	按时出勤（不迟到或早退），遵章守纪	5		
	学习态度	态度端正，积极认真，勇于实践	5		
	团队协作	小组成员团结协作，有集体观念	5		
	方法能力	学习方法灵活，能按时完成任务	5		
合　计					

拓展坊

Logo 设计中的色彩

Logo 的色彩能够影响消费者的情绪，进而影响消费者的购买欲望。在色彩心理学中，人们对色彩的感知是非常主观的，不同的颜色有着特定的意义。

①蓝色在企业 Logo 中应用最多。蓝色在给人一种平静的感觉的同时，也传递着信心。

②黑色代表着力量，彰显企业的实力。如果想要给人一种权威的感觉，则 Logo 需要有一些黑色的元素。

③灰色作为中性色，感觉偏冷，但是能与其他颜色很好地协调。从某种意义上来说，灰色比较接近于黑色：它既展示着权威，又不显得强硬。

④白色在色彩心理学中象征着纯净，给人一种完美、简约、无瑕的感觉，必须与其他颜色搭配，所以选择合适的“另一半”非常重要。

⑤绿色象征着生命和活力，代表尊重和平安，通常与金融、保险和自然有关联，环保方面的企业非常喜欢用这种颜色。除此之外，绿色在计算机软件、保健、食品、运动以及户外等行业中也比较普遍。

⑥棕色作为一种暖色，代表自然（树木和大地），不会过于吸引注意力，但是能创造一种和谐简洁的氛围。棕色也能够引发严肃和责任的情绪。因此，许多 Logo 中使用这种颜色。

⑦黄色是一种炫目的颜色，通常用于吸引人们的注意。黄色会给人一种快乐、童真的感觉。

⑧红色是一种能够唤起激烈情绪的强烈的颜色，可以吸引或加强人们的关注度，同时红色也代表着驱动和能量。

活动坊

1. 店铺命名：各组根据所选开店类型（如花店），每个组员想出 1~2 个店铺名称。将所有名称导入问卷调查软件，发给 30 个人进行投票，最终选出得票最多的店名。

2. Logo 设计：各组根据所选店铺名称，结合 Logo 设计的注意事项和禁忌给店铺设计 Logo。先打底稿，再调整比例画到 A4 纸上，注意色彩搭配。

3. 上网浏览一些广告，筛选出 5 条广告，试着分析这些广告表达出的企业（或产品）的市场定位或核心主题。

4. 创作广告语：各组为自己的店铺或店里的某款产品创作广告语。每人先写出 2~3 条广告语，然后发给其他组同学，评选出大家最喜欢的 2~3 条。

任务 14-2 促销活动方案策划

任务坊

任务目标

知识目标

1. 掌握促销活动策划方案撰写的内容及要求。
2. 掌握 PPT 汇报评分要点。

技能目标

1. 能够检索网络信息。
2. 能够制订促销活动策划方案。
3. 能够流畅地汇报促销活动策划方案。

素质目标

1. 培养服务至上的观念。
2. 培养公平、公正的价值观。

任务描述

本任务主要根据店铺类型，利用所学知识策划一个园艺产品促销活动，形成一份促销活动策划方案，并进行 PPT 汇报展示。

任务准备

1. 店铺选择：与所学专业相关的店铺。
2. 实训准备：促销的产品、笔记本电脑。
3. 实训场所：校内、校外等。

知识提示

1. 产品组合（包括产品线和产品项目）。
2. 定价策略（包括竞争定价策略、心理定价策略、折扣定价策略）。
3. 促销活动策划方案的内容。

任务实施

【我的笔记】

平出于公，公出于道

1. 撰写促销活动策划方案

按表 14-2-1 要求的内容完成促销活动策划方案的编写。

2. 制作 PPT 进行汇报

根据促销活动策划方案的内容，各组制作 PPT 进行汇报。

表 14-2-1　促销活动策划方案内容

主要模块	内容概要
一、策划对象	店铺名称
二、目标战略	1. 总体目标：活动的最终目标，如为了宣传，或为了拓展目标市场，或为了盈利，或为了打造品牌，或为了提升销量、提高市场占有率
	2. 具体目标：活动营业额、成本分析、产品销量等
三、活动对象	针对的消费者
四、活动主题	一个能吸引到消费者的主题
五、活动方式	1. 合作伙伴：有无合作伙伴，具体合作方式
	2. 促销方式：结合店铺产品灵活应用以下 4 种方式。 ①限时折扣，即在特定营业时段内，门店提供优惠商品，刺激消费者购买的促销方式。 ②面对面销售，即店员直接与顾客面对面进行促销和销售的方式。 ③赠品促销，即消费者免费或付出某些代价即可获得特定物品的促销方式。 ④免费试用，即现场提供免费样品供消费者使用的促销方式
六、时间和地点	1. 活动时间：具体活动日期
	2. 活动地点：店铺周边，消费者可能聚集的其他一些场所
七、宣传方式	展板、传单、标牌、店铺内的装饰和布置、新媒体宣传等
八、前期准备	前期需要准备的一切活动，如确定与合作方的合作方式，场地预定，准备宣传资料等
九、中期操作	活动过程：促销活动如何推进
十、后期操作	利用新媒体账号收集消费者对于活动的反馈信息；继续宣传，趁热打铁，为下一次活动预热，进一步提升品牌的认知度和美誉度
十一、费用预算	临时工费用、店面装饰费用、场地租金、宣传费用、产品成本等

任务考核

根据表 14-2-2 进行考核评价。

表 14-2-2 开店营销组合策划评价标准

考核项目	考核内容	考核标准	赋分（分）	得分（分）	评价人
操作技能	促销活动策划方案	流程规范，内容全面，符合要求	40		
	PPT 汇报展示	制作、内容、讲解、时长等符合要求	40		
素质要求	出勤纪律	按时出勤（不迟到或早退），遵章守纪	5		
	学习态度	态度端正，积极认真，勇于实践	5		
	团队协作	小组成员团结协作，有集体观念	5		
	方法能力	学习方法灵活，能按时完成任务	5		
合　计					

拓展坊

节日营销

节日营销就是指在节日期间利用消费者的节日消费心理，综合运用广告、公演、现场售卖等营销手段，进行产品、品牌的推介活动，旨在提高产品销售力，提升品牌的形象。归属上，它是整个营销规划的一部分，而不是短期售卖活动。对于一些节日消费类产品来说，节日营销显得尤为重要。

一年中的节令可分成 4 类。一是法定节假日类：元旦、春节、元宵节、清明节、劳动节、端午节、中秋节、国庆节等。二是非法定节假日类：情人节、母亲节、父亲节、复活节、圣诞节等。三是民俗时令类：夏至、冬至、立冬、腊八等。四是商家自定节假日类：店庆日、服装节、风筝节、美食节等。

节日消费心理的特点决定了不同于平常的节日售卖形式，对于新品牌的推广，更是提供了与消费者直接互动的良机。感觉消费时代的来临，使消费者的购买习惯发生了很大变化，从 20 世纪 90 年代的重视商品性价比到当下同质化时代的感觉消费，消费者越来越随“心”所欲，而商家精心营造的随“心”所欲售卖氛围，会使消费者不自觉地“跟着感觉走”，实现目标销售。

对于快速消费品来说，节假日的销售也有着重要意义。我国法定节假日连周末共有 100 多天，占全年时间的近 1/3，其中劳动节“小长假”、国庆节“黄金周”所体现的市场价值足以堪道。据上海的一家大卖场统计，这两个假日期间的销售额几乎占全年销售额的 40%。

活动坊

1. 结合店铺类型，各组提交一份完整的促销活动方案。
2. 各组制作 PPT，进行促销活动方案汇报展示。

任务 14-3　销售技巧训练

任务坊

任务目标

知识目标

1. 了解人员销售的特点。
2. 掌握销售人员的基本素质。
3. 掌握人员销售的洽谈技巧。
4. 掌握排除销售障碍的技巧。

技能目标

1. 能够熟练友善地待人接物。
2. 能够清晰明了地介绍产品。
3. 面对不同顾客能够采用不同的销售策略。

素质目标

1. 培养诚信、友善、热情的服务态度。
2. 培养信誉至上的服务精神。
3. 具备较强的口语表达能力。

任务描述

销售人员是随着贸易的产生而出现的。销售人员与贸易的关系就如同鱼和水之间的关系。如果没有销售人员的行为介入，商业活动就无法实现。本任务主要进行情景剧创作、场景设定和角色扮演，在情景剧中运用规范的销售技巧，有效发掘顾客需求，正确处理业务流程中的分歧，提高销售成功率。

任务准备

1. 待销售产品：果品、花卉、花艺作品等。
2. 实训场所：教室。

知识提示

1. 销售人员的特点。
2. 销售人员的基本素质。
3. 销售人员的洽谈技巧。
4. 排除销售障碍的技巧。

任务实施

【我的笔记】
华而不实，虚而无用

1. 创作情景剧

3人以上为一组，各组创作一个互动型技巧训练的情景剧，主要展现面对不同类型顾客，销售人员识别顾客、沟通、处理反对意见、应对客户拒绝以及让顾客回购的技巧等。

（1）各组挑选选题（四选一）

选题一：遇到带小孩的顾客。

选题二：遇到犹豫不决的顾客。

选题三：遇到比较挑剔的顾客。

选题四：遇到老年顾客。

（2）各组完成剧本

根据选题，各组完成人物创作与塑造。不同类型顾客的特点一定要突出，让观众一目了然。紧接着围绕顾客和销售人员之间的矛盾冲突，销售人员通过某种技巧解决问题，最终达成交易。

2. 小组内排练预演

小组内分配角色，明确每个角色要用到的销售技巧，轮流扮演观察者，指出表演过程中的问题。对剧本中不合适、不合理的部分进行修改。

3. 表演情景剧

（1）开场白

销售人员通过仪表和服饰，给顾客留下一个良好的印象。言行举止要文明、礼貌、有修养，做到稳重而不呆板、活泼而不轻浮、谦逊而不自卑、直率而不鲁莽、敏捷而不冒失。在开始洽谈时，销售人员要能巧妙地把谈话转入正题，做到自然、轻松、适时。

（2）顾客需求探寻

通过关心、赞誉、请教、炫耀、探讨等方式，顺利引起顾客的注意和兴趣，及时发现和开拓顾客的潜在需求。洽谈过程中，销售人员要谦虚谨言，让顾客多说话，认真倾听，表示关注与兴趣，并做出积极反应。

（3）产品推荐

销售人员要非常了解产品，推荐产品时表述要客观、全面，并提供一些服务，如水果可品尝，花卉可观、闻。既要说明产品的优点所在，也要如实反映缺点，切忌高谈阔论、“王婆卖瓜”，让顾客反感。要将产品与顾客熟悉的产品相比较，让顾客乐于接受新的产品。若发现顾客欲言又止，应主动少说话，直截了当地请对方充分发表意见，以自由问答的方式真诚地与顾客交换意见。对顾客提出的质疑及时解答，消除顾虑，促成购买行为。如当顾客认为价格偏高时，应充分介绍和展示产品及相应服务的特色和价值，使顾客感到“一分钱一分货”；对低价的看法，应介绍定价低的原因，让客户感到物美价廉。

在交谈过程中，对于一时难以纠正的偏见，可将话题转移。对恶意的反对意见，可以“装聋扮哑”。

（4）感召回头客

销售人员直接与顾客接触，可以通过察言观色准确了解顾客心理，从顾客切实需要出发，为顾客提供优质服务，从而与顾客之间建立起一定的感情，使顾客产生信任感，最终成为回头客。

任务考核

根据表 14-3-1 进行考核评价。

表 14-3-1　销售技巧训练评价标准

考核项目	考核内容	考核标准	赋分（分）	得分（分）	评价人
操作技能	创作情景剧	道具充分，台词顺畅，剧情有矛盾冲突	30		
	设定场景	明确角色，场景设定清晰	10		
	角色扮演	突出人物特点，运用销售技巧巧妙解决问题	40		
素质要求	出勤纪律	按时出勤（不迟到或早退），遵章守纪	5		
	学习态度	态度端正，积极认真，勇于实践	5		
	团队协作	小组成员团结协作，有集体观念	5		
	方法能力	学习方法灵活，能按时完成任务	5		
合　计					

拓展坊

顾客类型

识别顾客类型是为了更好地在销售过程中抓住顾客的特点，进行有针对性的解说。顾客分为表 14-3-2 所列的几种类型。

表 14-3-2 顾客类型

客户类型	销售技巧
犹豫型	帮助顾客做决定，以及把问题充分解决好，让顾客放心
决断型	注意分寸，尊重顾客的意见，不要给顾客太多的销售解说
理智型	要把问题说详细，让顾客自己做决定
圆滑型	单刀直入，直接告知顾客产品很好，小问题都会有
冲动型	这种顾客容易在购买前改变主意，不能急于推销
排外型	一定要尊重顾客，让顾客相信你是为了他好
健谈型	不能打断顾客的话，并且要抓住机会引入正题
少言寡语型	要有耐心，多提出问题，让顾客说话
不同意型	尽力不与顾客争论，保持冷静，听顾客说，同时微笑
精明型	用巧妙的恭维表达对顾客的判断和能力的赞赏
挑剔型	这类顾客会以产品的各种缺点来推脱你，让你无话可说，因此必须向其强调绝大部分顾客认为产品物有所值
固执型	这类顾客总是把自己的意见看得很重要，要向顾客表明你认同这种重要性，有可能的话向其道以真诚的夸奖

活动坊

1. 以小组为单位提交剧本。
2. 以小组为单位上台表演。
3. 汇总整理销售技巧。

模块6

园艺新技术调查

项目 15　园艺新技术应用调查

任务 15-1　园艺新技术应用调查

任务坊

任务目标

知识目标

1. 了解园艺行业发展趋势。
2. 熟悉与园艺相关的杂志、报刊、信息网等。
3. 掌握查阅资料并分析整理的方法。
4. 掌握调查数据整理、分析及调查报告撰写的方法。

技能目标

1. 能够独立查阅资料并分析整理。
2. 能够设计和填写各种调查表格。
3. 能够整理与分析调查资料。
4. 能够撰写调查报告。
5. 培养语言表达能力。

素质目标

1. 培养国际视野。
2. 培养对企业文化（企业责任、企业价值、企业精神）的认同感。

任务描述

新技术促进了园艺行业的快速发展。本任务主要设计调查表格，使用合适的调查方法对园艺类企事业单位、国内市场开展调查，并对调查结果进行汇总和分析，完成调查报告。

任务准备

1. 用具和材料：调查表格、笔、记录本、拍照工具（手机、照相机等）。

2. 实训场所：图书馆、国内园艺企事业单位、生态观光园区、农业高新园区、世界园艺博览会、花卉博览会等。

知识提示

1. 资料查阅与整理的方法。
2. 计算机办公软件的使用。
3. 调查报告的规范格式。

任务实施

1. 园艺新技术资料查阅

实训开始前，独立查阅书籍及与园艺相关的杂志、报刊、网站等，完成园艺新技术相关资料的查阅。

2. 调查表格设计

根据调查目的设计合适的调查表格。可以是一个表格，也可以是多个表格。

3. 园艺新技术现场调查

对国内园艺企事业单位、生态观光园区、农业高新园区、世界园艺博览会、花卉博览会等进行现场调查，记录所调查场所采用的园艺新技术、新设备、新产品等。

4. 撰写调查报告

整理并分析通过资料查阅和现场调查获得的园艺新技术资料，每人撰写一份调查报告，字数在 2000 字左右。

5. 调查报告评价

每人用 5min 汇报调查报告，3~5 位教师作为评委，对调查报告进行评价并完成成绩评定。

【我的笔记】

长风破浪会有时，直挂云帆济沧海

任务考核

根据表 15-1-1 进行考核评价。

表 15-1-1　园艺新技术应用调查考核评价标准

考核项目	考核内容	考核标准	赋分（分）	得分（分）	评价人
操作技能	资料查阅	通过两种以上途径查找，获得的资料信息量大	5		
	调查表格设计	设计的表格符合调查要求，并方便整理汇总	5		
	现场调查	态度认真、积极参与，表格填写认真	40		
	调查报告撰写	报告格式规范，无错别字，字数符合要求	10		
	调查报告评价	表述流畅、条理清晰、观点明确	20		
素质要求	出勤纪律	按时出勤（不迟到或早退），遵章守纪	5		
	学习态度	态度端正，积极认真，勇于实践	5		
	团队协作	小组成员团结协作，有集体观念	5		
	方法能力	学习方法灵活，能按时完成任务	5		
合　计					

拓展坊

1. 几种现代育苗设备

（1）精量播种机

精量播种机是自动精量播种流水生产线装置，该装置是大型工厂化育苗的核心设备，由育苗穴盘摆放机、送料及基质装盘机、压穴及精播机、覆土和喷淋机等组成。精量播种机有真空吸入式和齿轮转动式两种类型，后者要求使用丸粒化种子。一般精量播种机每小时可播种 1000~1200 盘。

（2）嫁接机器

嫁接育苗是现代育苗的重要技术。随着育苗量的增大及现代工业技术的发展，出现了代替人工操作的嫁接机械——嫁接机器。现代嫁接机器可集机械、自动控制与园艺技术于一体，操作人员只需把砧木和接穗放到相应的供苗台上，其余取苗、切苗、接合、固定、排苗等嫁接作业均由机器自动完成，这种嫁接机器又被称为嫁接机器人。

（3）种苗转移运输车

种苗转移运输车包括穴盘转移车和成苗转移车。穴盘转移车将播种完的穴盘运往催芽室，车的高度及宽度根据穴盘的尺寸、催芽室的空间和育苗的数量来确定。成苗转移车采用多层结构，车体设计为分体组合式，以适用于不同种类园艺植物种苗的搬运和装卸。

（4）基质搅拌机

购买的育苗基质或自配的育苗基质在送往送料机、装盘机之前，一般要用搅拌机重新搅拌，一是避免基质成分不均匀，二是防止基质在贮运过程中结块影响装盘质量。

（5）穴盘苗移栽机

穴盘苗移栽机能分辨好苗和坏苗，把好苗准确地移栽到预定的位置上，把坏苗抛到一边。穴盘苗移栽机还能够保证移栽深浅一致、间距一致，有利于园艺植物成活和生长。有些移栽机还能根据光反射和折射的原理准确地测定园艺植物需水量，控制灌溉。

（6）催芽室

催芽室是一种能自动控制温度的育苗催芽设备。利用恒温催芽室催芽，催芽量大，出芽整齐一致，出芽速度快。一个 $10m^2$ 的催芽室，一次可播种 $2hm^2$ 的生产用苗。一般相对湿度为 75%~90%，温度为 15~35℃，气流均匀度 95% 以上。

2. 智慧园艺

智慧园艺是指将遥感技术、地理信息系统、全球定位系统、计算机技术、通信和网络技术、自动化技术等高新技术与地理学、园艺学、生态学、植物生理学、土壤学等学科有机地结合起来，在园艺生产过程中实现对园艺植物生长发育状况、病虫害、水肥状况以及相应的环境进行定期信息获取，生成动态空间信息系统，达到合理利用资源、降低生产成本、改善生态环境、提高园艺植物产量和产品质量的目的。

智慧园艺的栽培方式有平层水培营养液膜技术和气雾栽培技术等，具有智能补光、水肥一体化、数据监测、环境自动控制等优势。

（1）智能补光

可以随时调整光照强度和光周期等，以满足园艺植物在不同生长阶段对光照的要求，提升产量和品质。

（2）水肥一体化

水肥一体化，可以定量控制，肥效快，养分利用率高，节约用水。

（3）数据监测

可精准收集园艺植物所有的生长数据，并通过大数据分析帮助种植者不断优化种植模式。

（4）环境自动控制

通过手机软件实现远程监测，可以随时随地查看运行情况，并可远程控制环境参数，进行二氧化碳补充、光配方调整、营养液管理等，实现环境管理的智能化。

活动坊

1. 设计调查表格。
2. 资料整理与分析。
3. 撰写调查报告。

参考文献

柏玉萍，2009. 花卉栽培技术 [M]. 北京：化学工业出版社 .

曹春英，丁雪珍，2014. 植物组织培养 [M]. 北京：中国农业出版社 .

陈美霞，2012. 植物组织培养 [M]. 武汉：华中科技大学出版社 .

陈杏禹，2002. 蔬菜栽培 [M]. 北京：高等教育出版社 .

陈杏禹，2014. 稀特蔬菜栽培 [M]. 北京 : 中国农业大学出版社 .

陈有民，2000. 园林树木学 [M]. 北京：中国林业出版社 .

陈月华，王晓红，2008. 园林植物识别与应用实习教程 [M]. 北京：中国林业出版社 .

崔爱萍，2016. 观赏树木栽培与养护 [M]. 北京：中国农业出版社 .

丁世民，李寿冰，2019. 园林植物病虫害防治 [M]. 北京：中国农业出版社 .

丁雪珍，2019. 植物组织培养 [M]. 北京：中国农业出版社 .

段鹏慧，2017. 花卉组培快繁与脱毒 [M]. 北京：中国农业出版社 .

范双喜，2015. 特种蔬菜栽培学 [M]. 北京：中国农业出版社 .

何钢，2016. 园艺产品营销 [M]. 北京：中国农业大学出版社 .

胡繁荣，2012. 蔬菜生产技术 [M]. 北京：中国农业出版社 .

李奇峰，2017. 丽蚜小蜂防治温室白粉虱及释放技术 [J]. 园艺与种苗（3）: 21–23.

林尤奋，睢薇，2005. 果树生产技术与实训 [M]. 北京：中国劳动社会保障出版社 .

刘惠民，2012. 花卉应用与设计 [M]. 北京：化学工业出版社 .

罗先湖，2013. 植物病虫害防治技术技能训练 [M]. 重庆：重庆大学出版社 .

宁德煌，张晓霞，2015. 生活中的市场营销学 [M]. 昆明：云南科技出版社 .

邱晓红，白鸥，2019. 园艺植物病虫害防治 [M]. 北京：中国农业出版社 .

沈玉英，2006. 花卉应用技术 [M]. 北京：中国农业出版社 .

陶正平，2016. 花卉栽培技术 [M]. 北京：中国农业出版社 .

王玲，宋红，2009. 北方地区园林植物识别与应用实习教程 [M]. 北京：化学工业出版社 .

夏天缘，2015. 草莓无土栽培实验总结 [J]. 中学生物教学（12）: 62–63.

谢丽娟，2007. 插花与花艺设计 [M]. 北京：中国农业出版社 .

臧德奎，2012. 园林树木识别与实习教程 [M]. 北京：中国林业出版社 .

张随榜，强磊，2015. 园林植物保护 [M]. 北京：中国农业出版社 .

张云起，2018. 市场营销学 [M]. 北京：高等教育出版社 .

周克强，2007. 蔬菜栽培 [M]. 北京：中国农业大学出版社 .

附录

园艺技术专门化技能比赛

附录 1　园艺植物识别技能比赛

园艺植物识别是进行园艺生产及科学研究的基本技能。本赛项是在规定时间内，根据图片识别和现场识别的要求，完成园艺植物识别。通过比赛，强化学生对园艺植物形态、结构、分类等相关知识的应用能力。

一、准备工作

1. 场地：学校实训室及多媒体教室。

2. 材料：园艺植物实物、标本及图库。

二、比赛内容与要求

1. 图片识别

在规定的时间内，循环播放园艺植物图片 40 张，共播放两轮，每张图片停留时间 25s。参赛学生根据相应图片编号将园艺植物的种名和科名写在答题卡上（答题卡见附表 1–1），要求字迹清楚、字体工整。

2. 现场识别

现场识别园艺植物 20 种。参赛学生根据现场提供的园艺植物实物或标本进行识别，按编号将园艺植物的种名和科名写在答题卡上（答题卡见附表 1–2），要求字迹清楚、字体工整。

三、比赛时间

图片识别时间 1h，现场识别时间 1h。

四、比赛方式

单人参赛，由学生本人独立完成比赛内容。

附表 1–1　园艺植物识别技能比赛答题卡（图片识别）

专业：＿＿＿＿＿＿　班级：＿＿＿＿＿＿　学号：＿＿＿＿＿＿　姓名：＿＿＿＿＿＿

编号	种名	科名	编号	种名	科名
1			12		
2			13		
3			14		
4			15		
5			16		
6			17		
7			18		
8			19		
9			20		
10			21		
11			22		

（续）

编号	种名	科名	编号	种名	科名
23			32		
24			33		
25			34		
26			35		
27			36		
28			37		
29			38		
30			39		
31			40		
得分					

附表 1-2　园艺植物识别技能比赛答题卡（现场识别）

专业：__________　班级：__________　学号：__________　姓名：__________

编号	种名	科名	编号	种名	科名
1			11		
2			12		
3			13		
4			14		
5			15		
6			16		
7			17		
8			18		
9			19		
10			20		
得分					

五、比赛规则

1. 凭身份证或学生证参加比赛。根据抽签赛位，提前 30min 到达比赛地点。比赛开始后，迟到者作弃赛论。

2. 对号进入操作工位（严禁携带手机），将物品摆放整齐。

3. 比赛过程中严禁喧哗、相互交流，违者参赛成绩记零分。

4. 诚实守信，文明参赛。

5. 尊重他人，服从裁判。

六、评分标准

1. 图片识别

40 张图片，每张图片 1.5 分（种名赋分 1 分，科名赋分 0.5 分），共计 60 分。

2. 现场识别

20 种园艺植物，每种园艺植物 2 分（种名和科名赋分均为 1 分），共计 40 分。

3. 比赛成绩

比赛成绩为图片识别得分和现场识别得分之和。

七、奖项设置

本次比赛设一等奖 1 名，二等奖 2 名，三等奖 5 名，优秀奖若干名。

八、考评队伍要求

1. 考评人员应当具有高级以上专业技术资格，熟悉本专业的专业知识和实践操作技能，有较为丰富的考评工作经验。

2. 考评人员具有良好的职业道德和敬业精神，自觉遵守考评工作守则和有关规章制度，坚持原则，公正考评。

3. 考评组由 3~5 人组成，其中至少有 1 名为企业专业技术人员。

附录 2　园艺植物病虫害识别技能比赛

病虫害识别是做好园艺植物病虫害防治工作的基础。本赛项是在规定时间内，按要求完成园艺植物病虫害镜检、标本识别和图片识别。通过比赛，强化学生对病虫害的形态、症状、分类等知识的应用能力，提升园艺植物病虫害的识别技能。

一、准备工作

1. 场地：学校实训室及多媒体教室。

2. 材料和设备：植物病虫害实物标本及图库、昆虫体视显微镜、培养皿、解剖针、镊子。

二、比赛内容与要求

1. 镜检鉴定

通过显微镜观察 10 种病虫害，根据害虫特征或病害病原特征，鉴定病虫种类，写出该病虫的分类地位。

2. 图片识别

循环播放病虫害图片 40 张，每张图片停留时间 30s，共播放两轮。根据观察所给病虫害图片，鉴定该图片中的病虫种类，写出该病虫的分类地位。

3. 干标本识别

在限定时间内完成 20 种病虫害标本鉴定，根据害虫特征或病害病原特征，鉴定病虫种类，写出该病虫的分类地位。

注意：害虫识别要求写出所在目和科，如缨翅目蓟马总科。病害识别要求写出寄主名称和病名，如梨锈病。将答案填在答题卡上（附表 2-1），要求字迹清楚、字体工整。

三、比赛时间

镜检鉴定时间 30min，图片识别时间 40min，干标本识别时间 30min。

四、比赛方式

单人参赛，由学生本人独立完成比赛内容。

五、比赛规则

1. 凭身份证或学生证参加比赛。根据抽签赛位，提前 30min 到达比赛地点。比赛开始后，迟到者作弃赛论。

2. 对号进入操作工位（严禁携带手机），将物品摆放整齐。

3. 比赛过程中严禁喧哗、相互交流，违者参赛成绩记零分。

4. 诚实守信，文明参赛。

5. 尊重他人，服从裁判。

附表 2-1 园艺植物病虫害识别技能比赛答题卡

专业：________ 班级：________ 学号：________ 姓名：________

项目	编号	答案	编号	答案	编号	答案
镜检鉴定	1		5		9	
	2		6		10	
	3		7		得分	
	4		8			
图片识别	1		15		29	
	2		16		30	
	3		17		31	
	4		18		32	
	5		19		33	
	6		20		34	
	7		21		35	
	8		22		36	
	9		23		37	
	10		24		38	
	11		25		39	
	12		26		40	
	13		27		得分	
	14		28			
干标本识别	1		8		15	
	2		9		16	
	3		10		17	
	4		11		18	
	5		12		19	
	6		13		20	
	7		14		得分	
总得分						

注：比赛成绩为镜检鉴定得分、图片识别得分和干标本识别得分之和。

六、评分标准

根据附表 2-2 进行评分。

附表 2-2　园艺植物病虫害识别技能比赛评分标准

评分项目	评分标准	赋分（分）	得分（分）
镜检鉴定病虫害种类	病菌鉴定至属，昆虫鉴定至科	40	
图片鉴定病虫害种类	昆虫鉴定至科，病害名称完整、准确	40	
标本鉴定病虫害种类	昆虫鉴定至科，病害名称完整、准确	20	
合　计			

七、奖项设置

本次比赛设一等奖 1 名，二等奖 2 名，三等奖 5 名，优秀奖若干名。

八、考评队伍要求

1. 考评人员应当具有高级以上专业技术资格，熟悉本专业的专业知识和实践操作技能，有较为丰富的考评工作经验。

2. 考评人员具有良好的职业道德和敬业精神，自觉遵守考评工作守则和有关规章制度，坚持原则，公正考评。

3. 考评组由 3~5 人组成，其中至少有 1 名为企业专业技术人员。

附录 3　园艺植物扦插技能比赛

扦插是园艺植物常用的繁殖方式之一，在生产中广泛应用。本赛项是在规定的时间内，根据现场提供的材料，选取合适的插穗，按扦插的技术要领完成扦插任务。通过比赛，提高学生的动手和实践能力。

一、准备工作

比赛场地要求每个工位至少有 $1m^2$ 的苗圃地，按参赛学生数量配备铁锹、耙子、剪枝剪、喷壶等工具，并由专人负责在比赛前放置在每个操作工位旁。

二、比赛内容与要求

1. 选取穗条

选择生长健壮、芽饱满、当年生枝条。

2. 剪取插穗

剪取适宜长度的插穗，注意留 2~3 个饱满芽，留叶片数适宜，并注意剪口位置。

3. 扦插

扦插时根据树种确定适宜的间距，注意插穗插入的深度，插穗的上、下端不要搞混。

4. 浇水

扦插完成后要及时浇透水。

三、比赛时间

1.5h。

四、比赛方式

单人参赛，由学生本人独立完成比赛内容。

五、比赛规则

1. 凭身份证或学生证参加比赛。根据抽签赛位，提前 30min 到达比赛地点。比赛开始后，迟到者作弃赛论。

2. 对号进入操作工位（严禁携带手机），将物品摆放整齐。

3. 比赛过程中严禁喧哗、相互交流，违者参赛成绩记零分。

4. 诚实守信，文明参赛。

5. 尊重他人，服从裁判。

六、评分标准

根据附表 3–1 进行评分。

七、奖项设置

本次比赛设一等奖 1 名，二等奖 2 名，三等奖 5 名，优秀奖若干名。

附表 3-1　园艺植物扦插技能比赛评分标准

专业：__________　班级：__________　学号：__________　姓名：__________

评分项目	评分标准	赋分（分）	得分（分）
插穗采集	穗条选自生长健壮、无病虫害母树	10	
	选择发育充实、半木质化的当年生枝	10	
插穗剪取	插穗长度 10~15cm，留 2~3 个饱满芽，顶端留叶（留叶数不适宜，插穗过长或过短，酌情扣 2~10 分）	20	
	留芽情况：上剪口离上芽 0.5~1cm，下剪口位于节附近	10	
	剪口芽质量好	5	
扦插	扦插的间距：根据不同树种具体确定	15	
	扦插深度：插穗的 1/3~1/2 插入土中	10	
浇水	浇透水	10	
操作安全	安全操作，工完场清	5	
工效	时间为 90min，超时扣分	5	
合　计			

八、考评队伍要求

1. 考评人员应当具有高级以上专业技术资格，熟悉本专业的专业知识和实践操作技能，有较为丰富的考评工作经验。

2. 考评人员具有良好的职业道德和敬业精神，自觉遵守考评工作守则和有关规章制度，坚持原则，公正考评。

3. 考评组由 3~5 人组成，其中至少有 1 名为企业专业技术人员。

附录 4　花卉组合盆栽技能比赛

花卉组合盆栽观赏性强，正在成为花卉业的主流产品。本赛项是在规定时间内，完成花卉组合盆栽方案设计和作品制作。通过比赛，提升学生对组合盆栽立意构思、作品命名、造型和色彩设计的知识应用能力，提高花卉种植技术、装饰物及配件选用技术。

一、准备工作

1. 场地：多媒体教室、花艺实训室。

2. 器材及用具：铅笔、橡皮、A3 纸、彩铅、水彩笔等；花材、花器、枝剪、花铲、椰糠、水苔、泥炭、腐叶土、装饰材料等。

二、比赛内容与要求

1. 花卉组合盆栽设计

根据材料、题材、形象、名胜古迹、诗词典故等进行花卉组合盆栽的命名，以及花卉组合盆栽主题立意的构思及表达，完成花卉组合盆栽作品的设计。

2. 花卉组合盆栽制作

在花艺实训室完成花卉组合盆栽制作，要求符合艺术构图原理，熟练运用花艺制作技巧，作品整体美观大方，富有感染力。

三、比赛时间

花卉组合盆栽设计时间 1h，花卉组合盆栽制作时间 1h。

四、比赛方式

由两名学生合作完成比赛内容。

五、比赛规则

1. 凭身份证或学生证参加比赛。根据抽签赛位，提前 30min 到达比赛地点。比赛开始后，迟到者作弃赛论。

2. 对号进入操作工位（严禁携带手机），将物品摆放整齐。

3. 比赛过程中严禁喧哗、相互交流，违者参赛成绩记零分。

4. 诚实守信，文明参赛。

5. 尊重他人，服从裁判。

六、评分标准

根据附表 4–1 进行评分。

七、奖项设置

本次比赛设团体一等奖 1 名，二等奖 2 名，三等奖 5 名，优秀奖若干名。

附表 4-1 花卉组合盆栽技能比赛评分标准

评分项目		评分标准	赋分（分）	得分（分）
主题创意与表达	作品设计是否具有创造性或新颖性，意境是否表达准确	作品设计无创造性或新颖性，扣 1~2 分； 意境表达不准确，扣 1~3 分	5	
	作品主题是否与寓意相符，寓意表达是否贴切合理	作品主题与寓意不否相符，扣 1~3 分； 寓意表达不贴切合理，扣 1~2 分	5	
花卉选择与色彩搭配	植株是否新鲜，花卉种类是否多样	植株新鲜度差，扣 1~4 分； 组合盆栽花卉种类小于 5 种，扣 1~3 分； 微景观花卉种类小于 3 种，扣 1~3 分	10	
	不同花卉生态习性是否协调，是否具备可持续生长的能力	不同花卉生态习性不协调，扣 1~5 分； 不具备可持续生长的能力，扣 1~5 分	10	
	不同形态花卉是否搭配合理	不同形态花卉的搭配不合理，扣 5~10 分	10	
	花卉的色彩是否协调美观	花卉的色彩不协调，扣 1~5 分	5	
	盆器及配件的色彩是否搭配合理	盆器及配件的色彩搭配不合理，扣 1~5 分	5	
种植	种植前准备：植株处理、盆地处理、培养土处理及材料工具准备	植株未做处理，扣 1~2 分； 材料工具准备不充分，扣 1~3 分	5	
	组合盆栽种植：种植操作是否正确	脱盆方法不当，扣 1~2 分； 种植顺序不正确，扣 1~3 分； 种植方法不正确，扣 1~5 分； 填土不符合要求，扣 1~3 分； 种植后未浇水，扣 1~2 分	15	
	装饰及配件：素材选择和配置是否符合主题	素材选择和配置不符合主题，扣 1~5 分	5	
	作品及场地是否清洁干净	作品、场地未清理，扣 1~5 分	5	
造型与技巧	作品整体是否协调统一	作品整体不协调统一，扣 1~5 分	5	
	焦点花的设置是否合理	焦点花的设置不合理，扣 1~2 分	2	
	作品在视觉上是否平衡	作品在视觉上不平衡，扣 1~5 分	5	
	作品造型是否稳定、便于运输	作品造型不稳定，不利于运输，扣 1~3 分	3	
	作品的尺寸比例是否合适	作品的尺寸比例不合适，扣 1~5 分	5	
合计				

八、考评队伍要求

1. 考评人员应当具有高级以上专业技术资格，熟悉本专业的专业知识和实践操作技能，有较为丰富的考评工作经验。

2. 考评人员具有良好的职业道德和敬业精神，自觉遵守考评工作守则和有关规章制度，坚持原则，公正考评。

3. 考评组由 3~5 人组成，其中至少有 1 名为企业专业技术人员。

附录 5　园艺植物组织培养技能比赛

园艺植物组织培养技能比赛属于团体竞赛项目，内容贴近生产、贴近工艺。本赛项是在规定时间内熟练完成 MS 培养基母液配制、MS 培养基配制和组培苗继代培养的无菌操作。通过比赛，提升学生对植物组织培养知识的应用能力和组培专业技能。

一、准备工作

1. 场地：植物组织培养理实一体化教室。

2. 设备及器具：超净工作台、接种器械灭菌器、电子天平、电子分析天平、电磁炉等；烧杯、容量瓶、玻璃棒、量筒、移液管、吸耳球、胶头滴管、搪瓷杯、培养瓶、pH 试纸、剪刀、镊子、称量纸、酒精灯、无菌滤纸等。

3. 材料及药品：马铃薯、枸杞或菊花等组培瓶苗；氯化钙（$CaCl_2 \cdot 2H_2O$）、碘化钾（KI）、萘乙酸（NAA）、75% 乙醇、95% 乙醇、MS 培养基母液、琼脂粉、蔗糖、0.1mol/L HCl、0.1mol/L NaOH 等。

二、比赛内容与要求

1. MS 培养基母液配制

根据附表 5-1 进行计算（扩大倍数和母液体积按照比赛要求填写），填入计算结果，并配制相应溶液。

附表 5-1　MS 培养基母液配方

母液	成分	规定量	扩大倍数	称取量（mg）	母液体积（mL）	配制 1L 培养基吸取量（mL）
钙盐	$CaCl_2 \cdot 2H_2O$	440mg/L				
微量元素	KI	0.83mg/L				
植物生长调节剂	NAA	0.01mg/mL				

2. MS 培养基配制

计算各试剂用量，并将结果填入附表 5-2 中。利用提供的母液和药品，配制 MS+0.01mg/L NAA+3% 蔗糖 +0.7% 琼脂、pH 5.8 的培养基 500mL，并均匀分装到 12 个培养瓶，不进行灭菌（附表 5-2 中浓度及扩大倍数在比赛时提供）。

3. 组培苗继代培养的无菌接种操作

在 30min 内，按无菌操作规范完成试管苗继代培养的无菌接种操作，每瓶至少转接 15 株苗（含 15 株），茎段长 1~2cm，带 1~2 片叶，扦插到培养基中，均匀分布，无交叉污染等操作。

三、比赛时间

比赛分为 3 个项目，每个项目比赛时间为 30min，准备时间为 10min，共计 120min。

四、比赛方式

由两名学生合作完成比赛内容。

附表 5-2　MS 培养基配制

母液	浓度 / 扩大倍数	配制体积（mL）	母液吸取量（mL）	称取量（g）
大量元素				—
钙盐				—
铁盐				—
微量元素				—
有机物				—
萘乙酸（NAA）				—
蔗糖			—	
琼脂粉			—	

培养基灭菌操作步骤：

五、比赛规则

1. 凭身份证或学生证参加比赛。根据抽签赛位，提前 30min 到达比赛地点。比赛开始后，迟到者作弃赛论。

2. 对号进入操作工位（严禁携带手机），将物品摆放整齐。

3. 比赛过程中严禁喧哗、相互交流，违者参赛成绩记零分。

4. 诚实守信，文明参赛。

5. 尊重他人，服从裁判。

六、评分标准

根据附表 5-3 进行评分。

七、奖项设置

本次比赛设团体一等奖 1 名，二等奖 2 名，三等奖 5 名，优秀奖若干名。

八、考评队伍要求

1. 考评人员应当具有高级以上专业技术资格，熟悉本专业的专业知识和实践操作技能，有较为丰富的考评工作经验。

2. 考评人员具有良好的职业道德和敬业精神，自觉遵守考评工作守则和有关规章制度，坚持原则，公正考评。

3. 考评组由 3~5 人组成，其中至少有 1 名为企业专业技术人员。

附表 5-3 园艺植物组织培养技能比赛评分标准

评分项目		评分标准	赋分（分）	得分（分）
MS 培养基母液配制	计算	准确计算各种药品用量	10	
	试剂称量	采用直接称量法称样，操作规范、熟练	10	
	溶液配制	玻璃棒搅拌方法正确，药品完全溶解，定容熟练、准确，贴好标签	10	
	分工协作	分工合理，相互协作，完成速度快	5	
MS 培养基配制	计算	准确计算各种母液和药品用量	10	
	配制	琼脂粉完全溶解，定容准确，pH 测定、调节正确，操作熟练	10	
	分装	均匀分装，操作熟练，培养瓶表面洁净；贴好标签，标签内容准确	5	
	分工协作	分工合理，相互协作，桌面整洁，完成速度快	5	
无菌接种操作	操作过程	熟练进行无菌操作，接种器具灭菌方式正确，接种速度较快；标签内容准确	16	
	操作结果	材料切割长度合理，接种方向正确，每瓶接种数量满足要求。接种有效瓶数达到所有参赛队接种瓶数的平均值，得 8 分；少一瓶扣 0.5 分，扣完为止；多一瓶加 0.5 分，最多加 8 分	16	
	操作安全	安全操作，工作台场地清洁干净，用具摆放整齐	3	
合　计				